高等院校测绘工程系列教材

数字测图技术

范国雄　主编

张宏斌　姚先锋　王　军　王　磊　编著

胡伍生　主审

东南大学出版社

SOUTHEAST UNIVERSITY PRESS

·南京·

内 容 提 要

本教材主要用于测绘专业本科生数字测图教学与实践指导,其主要内容有:数字测图概述,计算机地图制图基础知识,数据采集方法、数据分类与编码,常用数字测图系统介绍,数字测图系统二次开发,地形图矢量化,数字地图质量检查与验收等。为了提高实践技能,书中配有较多的编程实例,供读者参考。

本书可作为测绘类本科生的教材或参考书,也可作为测绘工程技术人员及相关专业读者的参考书。

图书在版编目(CIP)数据

数字测图技术/范国雄主编. —南京:东南大学出版社,2016.10

ISBN 978-7-5641-6763-9

Ⅰ. ①数… Ⅱ. ①范… Ⅲ. ①数字化测图—高等学校—教材 Ⅳ. ①P231.5

中国版本图书馆 CIP 数据核字(2016)第 231783 号

书　　名:	数字测图技术
主　　编:	范国雄
编　　著:	张宏斌　姚先锋　王　军　王　磊
主　　审:	胡伍生
出版发行:	东南大学出版社
社　　址:	南京市四牌楼 2 号　　　　邮　　编:210096
网　　址:	http://www.seupress.com
出 版 人:	江建中
印　　刷:	兴化印刷有限责任公司
开　　本:	787 mm×1 092 mm　1/16　印张:15　字数:365 千
版　　次:	2016 年 10 月第 1 版
印　　次:	2016 年 10 月第 1 次印刷
书　　号:	ISBN 978-7-5641-6763-9
定　　价:	58.00 元
经　　销:	全国各地新华书店
发行热线:	025-83790519　83791830

前　　言

  《数字测图技术》是测绘专业的专业基础课。本教材主要用于测绘专业本科生教学与实践指导。

  数字测图技术日新月异，发展迅速，3S(GPS、RS、GIS)技术被广泛地应用，地形图测绘技术已经发生了根本的变化，正在朝着数字化、自动化、信息化和智能化方向飞速发展。随着社会对空间地理信息的需求迅速扩大，测绘地理信息的成果应用范围愈来愈广泛。数字地图是数字测绘成果的重要组成部分，数字测图技术是测绘生产技术的重要分支，为了适应这个发展趋势，测绘专业开设《数字测图技术》课程是非常有必要的。

  教材内容安排上，以地形测量、CAD制图为先修课程，以本科生应掌握的数字测图基本知识、基本技能为主线，精心组织，具体安排如下：第1章大比例尺数字测图概述，内容包括数字地图的分类、特点、数字测图方法、数字测图系统的软硬件配置、数字化测图现状与展望和大比例尺数字测图技术设计等。第2章计算机地图制图基础知识，介绍了计算机地图制图基本概念、坐标系统与变换、基本图形(直线、圆)绘制方法、地图符号自动绘制、等高线绘制及图形绘制实现方法等内容。第3章数据采集与处理，内容包括数据采集方法、内容与要求；讨论了全站仪与RTK数据采集方法与要求，碎部点测算方法、数据编码、图形信息组织与处理等。第4章数字测图系统操作与使用，介绍Auto-CAD Map 3D、MicroStation系统和CASS系统数字测图功能和操作。第5章数字测图软件开发，介绍了数字测图系统开发方法，基于Visual LISP、VBA、ObjectARX及C♯的Autocad开发技术。第6章地形图数字化，介绍了图形扫描与图像处理、图形定向数字化原理、地图栅格数据处理与数字化。第7章数字地图测绘成果检查、验收，介绍数字地图质量检查的规定、质量元素和质量等级评定方法。

  本书所引用的规范和计算标准符合国家和行业的最新标准。

  本书由东南大学交通学院测绘工程系范国雄、张宏斌、王军、王磊及江苏测绘地理信息局培训中心姚先锋共同编写。第1章、第4章、第5章、第6章由范国雄编写；第2章由张宏斌编写；第3章由王军、王磊编写，第7章由姚先锋编写；全书最后由范国雄主编和统稿。

  全书由东南大学博士生导师胡伍生教授主审，提出了很好的指导性建议与修改意见。本书在编写过程中,参考了兄弟院校的相关教材,参考了相关软件的使用说明书,在此表示衷心感谢。

测绘科学技术发展迅速,数字测图方法更新很快,编者水平有限,书中会有不妥和错漏之处,恳请使用本教材的广大教师、学生和读者提出宝贵意见,以便再版时修改。

感谢东南大学交通学院、教务处、国家自然科学基金项目(插值条件下 DEM 误差的空间自相关模型研究 41471373)对本教材出版的大力支持。

编　者

2016 年 4 月 28 日

目　录

1　大比例尺数字测图概述

本章主要介绍数字地图的基本知识,包括数字地图概念、分类;数字测图的作业方法与流程,数字测图系统的软硬件配置,数字化测图现状与展望及数字测图项目技术设计要点等内容。

1.1　大比例尺数字地图

1.1.1　大比例尺数字地图的概念

按照现代地图学观点,我们可以这么认为:"地图是根据一定的数学法则将地球(或其他星体)上的自然和社会现象,通过制图综合所形成的信息,运用符号系统缩绘到平面上的图形,并传递它们的数量和质量,在时间和空间上的分布和发展变化。"[1]

随着科学技术与制图工艺的飞速发展,地图的含义也不断拓展,表现形式更加丰富,特别是计算机制图技术的应用,使得数字地图应运而生。数字地图是用数字形式描述地图要素的属性、定位和连接关系信息的数据集合。数字地图经过可视化处理后可以在电子屏幕上显示成为电子地图,它是数字地图的一种表现形式。

大比例尺地图通常指 1∶500~1∶10 000 比例尺地图,相应的数字地图即可称为大比例尺数字地图。

1.1.2　大比例尺数字地图的特点

数字地图内容是以数字形式贮存,因此它具有快、动、层、虚、传、量等现代信息特点。从生产与使用的角度来看,数字地图具有如下主要特点:

1) 生产效率高

与传统白纸测图方法比较,数字测图生产效率大大提高。在外业数据采集阶段,数字测图方法避免了大量繁琐的手工记录、计算、检核等工作,全站仪采集的数据与信息可以按照文件的形式直接传输到计算机进行处理与编辑成图。特别是大面积航测法数字测图,劳动强度更小,生产效率更高。

2) 点位精度高

数字地图点位精度高反映在测量精度和使用上两方面。

在大比例尺地面数字测图时,碎部点一般都是采用电子速测仪直接测量其坐标;所以具有较高的点位测量精度。按目前的测量技术,地物点相对于邻近控制点的位置精度达到5 cm是不困难的。

在计算机上使用数字地图(矢量图)时,可以获取保持原始精度的碎部点数据,而与比例

1

尺无关,也不需要考虑图纸伸缩的问题。

3）成果更新快

数字地图的最终成果是图形数据文件和地形图数据库,其更新时,只要将地图变更的部分输入计算机,通过数据处理即可对原有的数字地图和有关的信息作相应的更新,使大比例尺地图有良好的现势性。所以数字地图的更新比纸质地图更方便有效、更迅速快捷。

4）信息获取自动化

数字地图包含的信息内容越来越多,除与空间位置有关的信息外,还可以利用内外数据库的方式附载更多的信息。例如房屋,其权属、面积、高度、建造材料、时间等相关信息都可以用数据库的方式来组织管理,从而实现信息获取、统计自动化。

5）输出成果多样化

由于数字地图是数字形式贮存的,可根据用户的需要,在一定比例尺范围内输出不同比例尺和不同图幅大小的地图;除基本地形图外,还可输出各种用途的专用地图。例如:地籍图、管线图、水系图、交通图、资源分布图等。

6）应用范围广

在国家经济建设、国防和科研的各个领域,数字地图是重要的基础地理信息资源。大比例尺数字地图除了具有传统纸质地图的应用外,还为建立大比例尺地图数据库和位置有关的信息系统(如 GIS)提供基础数据。特别是智慧城市的建设,迫切要求有城市环境的综合信息系统,也就是需要建立城市地理信息系统,而城市测绘工作所提供的数字地图和其他数字测绘成果资料是城市地理信息系统的基础,所以,数字地图的应用将更加广泛。

1.1.3　数字地形图分类

数字地形图按照国家标准(GB/T 17278—2009)划分,可以按照产品类别、数据结构和空间范围来进行分类。

按照产品类别数字地图可以分为基本产品和非基本产品两大类。基本产品是符合相应测绘标准规范的国家基本比例尺数字地形图,如1:500、1:2 000、1:10 000、1:50 000、1:250 000、1:1 000 000 等比例尺数字地图。非基本产品是指其他比例尺数字地形图,内容包括地形图主要要素,表现形式可以是复合图像或渲染图。

数字地形图按空间范围分为标准图幅和非标准图幅两大类。标准图幅指按照 GB/T 13989 标准分幅的图幅,非标准分幅是指按照需求进行的分幅,如行政区域、自然区域和其他区域的分幅。

数字地形图按数据结构分为矢量式、栅格式和矢栅混合式三大类。使用较广的矢量式数字地图有数字高程模型、数字线划地图、数字栅格地图和矢栅混合的数字正射影像图等。

1）数字高程模型(Digital Elevation Model, DEM)

DEM 是用一组有序数值阵列形式表示地面高程的一种实体地面模型。

它是在特定投影平面上规则的空间水平间隔的高程值矩阵,如图 1-1 所示。DEM 的水平间隔应随地貌类型的不同而改变。为控制地表形态,可配套提供离散高程点数据。

DEM 可以采用航空摄影测量法、矢量数据生成法和机载激光雷达测量方法来建立与

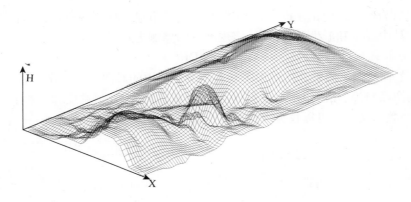

图 1-1　数字高程模型示图

生成。

DEM 应用可转换为等高线图、透视图、断面图以及专题图等各种图解产品，或者按照用户的需求计算出体积、空间距离、表面覆盖面积等工程数据和统计数据。

2）数字正射影像图（Digital Orthophoto Map，DOM）

DOM 是利用经扫描处理的数字化的航空相片和高分辨率卫星遥感图像数据，对逐像元进行几何改正和镶嵌，并叠加部分矢量要素和注记，按一定图幅范围裁剪生成的数字正射影像集，如图 1-2 所示。

图 1-2　数字正射影像图示图

DOM 可采用航空摄影测量法和卫星遥感测量法制作生成。

它是同时具有地图几何精度和影像特征的图像。数字正射影像图具有精度高、信息丰富、直观真实、获取快捷等优点，可作为背景控制信息，评价其他数据的精度、现实性和完整性都很优良；可从中提取数字城市所需要的各种类别的海量地理信息、自然资源信息和社会经济发展信息,为城市现代化建设、防治灾害和公共城市建设规划各种调查和管理等提供可靠依据;还可从中提取和派生新的信息,实现地图的修测更新。

3)数字栅格地图(Digital Raster Graphic,DRG)

DRG是各种比例尺的纸介质地形图和各种专业使用的彩图的数字化产品,如图1-3所示,就是某幅图经扫描、几何纠正及色彩校正后,形成在内容、几何精度和色彩上与地形图保持一致的栅格数据文件。可以较为方便地进行放大、漫游查询等。

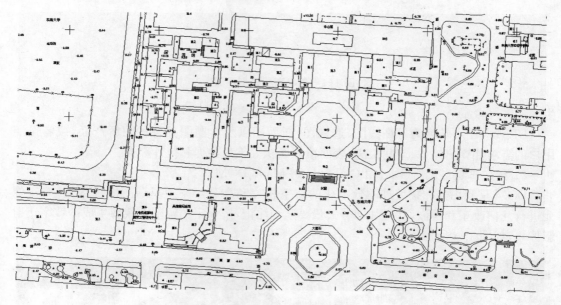

图1-3 数字栅格图示图

DRG可作为背景用于数据参照或修测拟合其他地理相关信息,使用于数字线划图(DLG)的数据采集、评价和更新,还可与数字正射影像图(DOM)、数字高程模型(DEM)等数据信息集成使用,派生出新的可视信息,从而提取、更新地图数据,绘制纸质地图。

DRG可采用航空摄影测量法、卫星遥感测量法和原图扫描法制作生成。

4)数字线划地图(Digital Line Graphic,DLG)

DLG是以点、线、面形式或地图特定图形符号形式,表达地形要素的地理信息矢量数据集,是一种更为方便的放大、漫游、查询、检查、量测、叠加的地图。其数据量小,便于分层,能快速地生成专题地图,如图1-4所示。

数字线划地图可以采用全野外数据采集法、航空摄影测量法、模拟地形图数字化法来生成。

DLG是地表上各种地理空间信息的位置矢量表示和属性性质集成,并对各种地理要素进行严格的分层和拓扑关系建立,最终以数据库的形式加以组织,因此具备编码、编辑、查询、检索、统计、分析等功能,是建立各种地理信息系统的数据源。它是4D产品的核心,是4D产品中最重要、最实用的产品。它在工程建设的规划与施工设计、土地使用规划与控制、交通规划与建设、城市建设管理、环境工程与大气污染监测、自然灾害的监测估计、自然资源

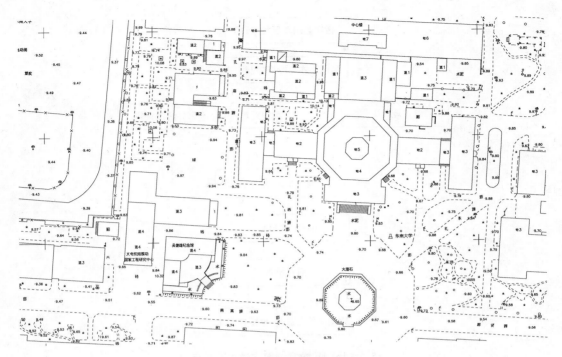

图 1-4 数字线划图示图

调查和公共事业服务等领域有着广泛的应用。

1.2 大比例尺数字测图的作业方法与流程

1.2.1 数字测图的基本作业方法

数字化测图是指将地面模型以数字形式表示,经过电子计算机及相关软件编辑、处理后得到相应的数字化地形图的作业过程。实质上数字测图是一种全解析、机助测图方法。大比例尺地面数字测图的外业工作和传统测图工作相比,具有自动化程度高、碎部测图和图根加密一体化、测站测量范围大、图根点密度小、解析碎部点多、分区分幅自由、接边少等众多优点。

目前,数字测图的主要方法有全野外数据采集数字测图、航空摄影测量(含遥感测量)数字测图及原图数字化测图等,如图 1-5 所示。

1.2.2 数字测图的基本作业流程

大比例尺数字测图项目的实施,其作业流程一般可分为以下几个阶段:项目技术设计、测区控制测量、数据采集、数据处理、质量检查和地图数据的输出。

数字测图技术设计的主要目的是根据项目要求,确定测图方法,明确成果的坐标系统、高程基准、时间系统、投影方法、技术等级和精度指标,形成能指导作业的技术设计书。测区基本控制与图根控制的主要任务是实地建立平面与高程控制系统,为数据采集和相片控制

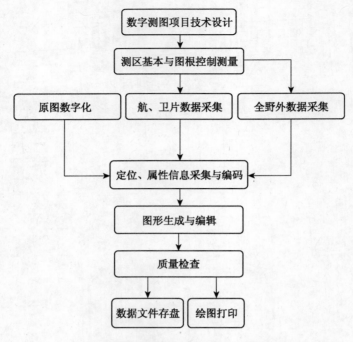

图 1-5　大比例尺数字测图方法与流程示意图

提供基础。数据采集和编码是数字测图的基础,这一工作主要在外业期间完成。内业进行数据的图形处理,在人机交互方式下进行图形编辑,生成绘图文件。质量检查的任务是根据规范与测区技术要求进行相应环节的质量检查,保证数字地图的质量可靠。最后由绘图仪绘制大比例尺地图,其作业阶段划分如图 1-5 所示,各阶段的主要作业内容有:

1) 技术设计(分项)的主要内容

(1) 主要说明任务的来源、目的、任务量、测区范围和作业内容、行政隶属以及完成期限等任务基本情况。

(2) 说明与测绘作业有关的作业区自然地理概况。

(3) 已有资料情况。说明已有资料的数量、形式、主要质量情况和评价、说明已有资料利用的可能性和利用方案等。

(4) 所引用的标准、规范或其他技术文件。

(5) 成果(或产品)主要技术指标和规格。

一般包括成果类型及形式、坐标系统、高程基准、时间系统、比例尺、分带、投影方法、分幅编号及其空间单元、数据基本内容、数据格式、数据精度以及其他技术指标等。

(6) 设计方案

其主要内容包括:硬件与软件环境、作业的技术路线或流程、作业方法与技术要求、生产过程中的质量控制和产品质量检查、数据安全与备份、上交和归档成果、有关附录等。

2) 测区基本控制与图根控制测量

测区基本控制测量主要是完成四等以下平面与高程控制测量系统的建立工作,其作业方法有 GPS 测量、导线测量、交会测量和极坐标(引点)法等。精度要求是:四等以下各级基础平面控制测量的最弱点相对于起算点点位中误差不大于 5 cm；四等以下各级基础高程控制测量的最弱点相对于起算点高程中误差不大于 2 cm；1∶500 测图时图根控制点相对于图根起算点的点位中误差不大于 5 cm，1∶1 000、1∶2 000 时不大于 10 cm，图根控制点高程中误差不大于测图比例尺基本等高距的 1/10。

3）数据采集与编码

数字测图时数据采集和编码的主要工作是地形碎部点的测量。

地形碎部点的测量工作是获得碎部点数据文件、碎部点之间的连接关系和点的属性。这样，每一个碎部点的记录，通常有点号、观测值、坐标与高程、连接关系及属性。连接关系及属性一般是用编码来完成，输入这些信息码极为重要，因为地面数字测图在计算机制图中自动绘制地图符号就是通过识别测量点的信息码执行相应的程序来完成的。信息码的输入可在地形碎部测量的同时进行，即观测每一碎部点后随即输入该点的信息码，或者是在碎部测量时绘制草图，随后按草图输入碎部点的信息码。

4）数据处理和图形文件生成与编辑

数据预处理是对原始记录数据作检查，删除已作废除标记的记录和删去与图形生成无关的记录，补充碎部点的坐标计算和修改有错误的信息码。数据预处理后生成碎部点文件。

根据碎部点数据文件，在数字测图软件的支撑下形成图块文件。图块文件生成后可进行人机交互方式下的地图编辑。在人机交互方式下的地图编辑，主要包括删除错误的图形和不需要表示的图形，修正不合理的符号表示，增添植被、土壤等配置符号以及进行地图注记。

5）质量检查

主要任务是完成作业的过程检查和最终检查，检查的内容包括数学基础、平面和高程精度、接边精度、属性精度、逻辑一致性、整饰质量和附件质量检查等。

6）地图数据的输出

地图数据的输出可以通过图解和数字方式进行。图解方式是用自动绘图仪绘图，数字方式是通过数据的贮存，建立数据库，最后按项目要求提供数字测图成果。

1.3　数字测图系统的软硬件配置

为满足数字测图各阶段的工作需要，数字测图系统软硬件必须满足一定的要求。数字测图所需的硬件主要包括数据采集与输入、数据处理、图形及数据输出三大部分的硬件；软件主要是指数据传输、数据处理、图形编辑软件等。

1.3.1　数据采集与输入硬件

由于数据采集与输入的方法不同；其硬件配置可分为如下几种组合：

1）野外直接数据采集

该种作业方法中主要硬件设备包括：全站仪、GPS(RTK)、测距仪、经纬仪及激光雷达和三维激光扫描设备等。

2）航片、卫片数据采集

在获得航片和卫片后，该种作业方法中采用的主要硬件设备包括解析测图仪、计算机与外围设备等。

图 1-6 所示为 VirtuoZo 数字摄影测量工作站，它是一个全数字摄影测量系统，是一个以影像匹配技术为核心、系统功能强大、先进综合的空间地理数据通用生产平台，可以提供自动空中三角测量到测绘各种比例尺地形图的全套整体作业流程解决方案。

该系统的硬件包括计算机、显示器、专业立体图形卡、3D 立体眼镜和手轮脚盘等。

3）原图数字化数据采集

在原图上进行数据采集，需要的硬件设备包括：数字化仪、扫描仪等。

图 1-7 为常见的电子感应板式手扶跟踪数字化仪，图 1-8 为滚筒式扫描仪（富士 Celsis 6250）。

图 1-6　VirtuoZo 数字摄影测量工作站

图 1-7　手扶跟踪数字化仪

图 1-8　扫描仪

电磁感应式数字化仪的工作原理和同步感应器相似，利用游标线圈和栅格阵列的电磁耦合，通过鉴相方式，实现模（位移量）→数（坐标值）转换。它由操作平板、游标和接口装置构成。其工作方式是将地图固定在平板上，手扶游标，使游标中心对准图形的特征点，逐点数字化。在数字化的同时，利用菜单或计算机键盘输入图形代码。

手扶跟踪数字化仪的主要技术指标是分辨率和精确度。分辨率是能分开相邻两点的最小间隔，一般为 0.01～0.05 mm，精确度是测量值和实际值的符合精度，一般为 0.1～0.2 mm。

扫描仪的作用是将图形、图像快速数字化。扫描得到的是栅格数据，是每个像素的灰度或彩色值。

扫描仪的工作原理是将光学图像传送到光电转换器（CCD，电荷耦合器）中变为模拟电信号，又将模拟电信号经 A/D（Analog/Digital，模拟量/数字量）变换器变换成为数字电信号，最后通过计算机接口送至计算机中，形成扫描图像数字文件。

扫描仪分滚筒式和平台式两种类型。滚筒式扫描数字化仪主要由滚筒、扫描头和 X 方向导轨组成，其扫描方法是将图纸固定在滚筒上，滚筒旋转一周，扫描头沿 X 导轨移动一个行宽，直至整幅图扫描结束，即得到原图的像元矩阵数据。平台式扫描数字化仪由平台、扫描头和 X、Y 导轨组成，它的扫描方法是将图纸固定在平台上，扫描头在 X 导轨上移动，X 导轨可沿 Y 导轨方向移动，这样扫描头作逐行扫描，同样获得原图的像元矩阵数据。

图像扫描仪的主要技术指标是分辨率（dpi，dot per inch，每英寸的像素点数）。

1.3.2 数据处理硬件设备

该部分的硬件主要有电子计算机及附属设备。

作为大量数据处理与图形编辑的工具，其配置要高一些，特别是硬盘容量、内存与显存及运算速度都应要求高一些。

1.3.3 图形、数据输出设备

该部分的主要硬件设备包括：显示器、绘图仪、打印机等。

数控绘图仪是将计算机中以数字形式表示的图形元素用绘图笔（或刻针等）绘在图纸或图膜上的生产设备。大比例尺计算机绘图常采用的矢量绘图仪，按其台面结构分为平台式绘图仪和滚筒式绘图仪。

图 1-9 平台式绘图仪

绘图仪的幅面大小常应用 A1 或 A0 幅面。图 1-9 为平台式绘图仪，图 1-10 为滚筒式绘图仪，目前生产中主要采用滚筒式绘图仪。

滚筒式绘图仪的结构比较简单，图纸贴在圆柱形滚筒上，滚筒由伺服电机驱动作正反向旋转，图纸同步的做 X 方向移动；笔架由伺服电机驱动，在平行于滚轴线的固定导轨上做 Y 方向移动，绘图笔的起落由电磁铁驱动。这样，图纸的 X 方向移动和笔架的 Y 方向移动的组合，产生矢量绘图。

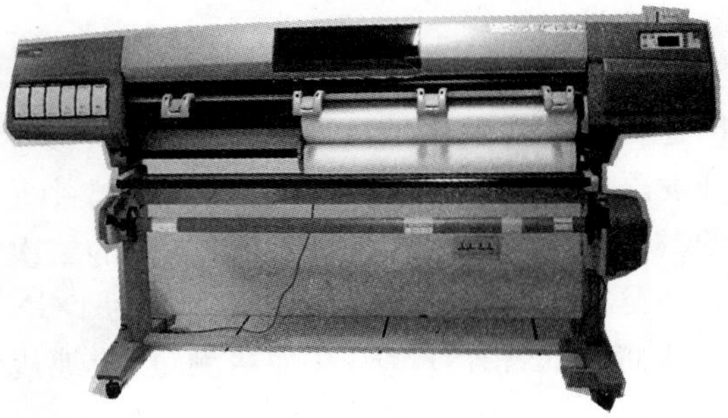

滚筒式绘图仪可以在 X 方向连续绘制长图，绘图速度高，但绘图精度低，通常用于校核绘图和低精度的绘图。

随着计算机与绘图技术的不断发展，喷墨绘图仪的使用越来越广。其工作原理与喷墨打印机相同，分辨率一般为 300 dpi 以上，与传统的笔式绘图仪相比有很多优点：因为取消了抬笔、落笔等绘图的机械动作，效率大大提高；在填充、改变线宽、阴影绘制

图 1-10　滚筒式绘图仪

等方面也更胜一筹。

绘图仪的主要技术指标包括精度、速度、步距和幅面大小。绘图仪的综合精度是定位精度和动态精度的综合,高精度绘图仪的精度在 0.1~0.02 mm。绘图仪的速度是指绘图头做直线运动时能达到的最高速度。步距又称脉冲当量或分辨率。由绘图仪控制系统向驱动部件发出一个走步脉冲时绘图头(或滚动)在 X、Y 方向上移动的距离,称为步距。步距一般为 0.05~0.01 mm,步距越小,绘图精度越高,绘图的线条显得光滑。绘图幅面大小是绘图仪的一个重要技术指标,一般大幅面的绘图仪(A1 以上),制造技术要求高,价格昂贵,但绘图效率高,能满足特殊工程需求。

1.3.4　数字测图软件

数字测图软件包括系统软件和应用软件两大部分。

系统软件包括操作系统和操作计算机所需的其他软件,如 Windows、UNIX 操作系统、Linux 操作系统等。

应用软件是为处理特定对象而专门设计的,如文字处理软件、数据库管理软件、计算机制图软件等。

目前在国内使用较多的计算机制图软件主要有 AutoCAD(map 3D)、MicroStation、CASS 测图系统、EPSW 测图系统等。

1) AutoCAD(map 3D)

AutoCAD 具有很强的图形构造、编辑显示功能,现已发展成集三维设计、真实感显示及通用数据库管理于一体的图形处理系统。AutoCAD 的另一个特点是它的开放性,它提供了标准格式文件与高级语言连接的功能。用户可以用 AutoLISP 或 C 语言编写应用程序,对其进行二次开发。AutoCAD 实际上已成为世界上最流行的计算机辅助设计软件之一,在我国也得到了极为广泛的应用。特别是 Autodesk Map 3D,其构建在 AutoCAD 软件上,具备 AutoCAD 所有功能,同时拓展了 GIS 方面的功能——空间数据的管理,可以创建、维护、分析和有效沟通包含在多个 Autodesk Map 图形和相关外部数据中的地图制图信息,满足地图制作人员和 GIS 专业人员的设计需求。因此,Autodesk Map 3D 可以用作 GIS 的前端数据采集软件,它在数字测绘中具有广泛的应用前景。

2) MicroStation

MicroStation 系统是 Bently 公司推出的微机图形处理系统。主要应用于工程项目的2D 图纸设计、3D 建模设计和渲染及动画设计等。

现在较新的版本有 V8i 等软件版本,在功能上,它除了具有一般图形系统必备的作图、文字、尺寸、画层、编辑、画面操作、输出等功能外,还提供了与关系数据库的接口、提供参考文件,同时支持两个屏幕显示,提供了多种二次开发语言,增加了许多图形处理库函数,并提供了事件驱动函数。因为 MicroStation 多元素的数据结构也是公开的,有利于深度的二次开发。另外,该系统具有良好的组织结构的工作流程,数据安全,其标准图形文件为 DGN格式,与 DWG 格式无缝兼容,因此,MicroStation 的应用也相当广泛,在地籍测量、土地规划管理部门都有较广泛的应用。

3) CASS 测图系统

CASS 测图系统是广东南方数码科技有限公司以 AutoCAD 为平台二次开发的地形地

籍测图系统软件。

CASS 主用应用于地形成图、地籍成图、工程测量应用、空间数据建库、市政监管等领域,自推出以来,已经成为用户量大、升级快、服务好的主流成图系统。涵盖了测绘、国土、规划、市政、环保、地质、交通、水利、电力、矿山及相关行业。

该系统操作简单、功能丰富;图形处理时,特殊地物批量处理、图形实体检查、图形实体分类统计;软件支持 DWG、DGN、MIF、XLS、WORD、JPEG、JPG、航片等参考文件;系统具有丰富的数据输入输出接口,主流型号的全站仪采集的数据,均有输入接口;可以输出常见的 GIS 数据格式如 shp 和 mif/mid 等,也可输出明码交换文件格式(*.cas)。该系统支持多种测量外业数据的处理与外业测量模式,如草图法、编码法、电子平板、掌上平板等,兼容多种软件生成的数据,对于由山维、开思、瑞得、威远图、MicroStation、MapGIS 等常见软件生成的数据,均提供导入接口。

该系统主要功能特点将在后面章节进行详细介绍。

4) EPSW 测图系统

EPSW 测图系统平台由北京清华山维新技术开发有限公司开发,它从地理信息角度构建数据模型,综合 CAD 与 GIS 技术,以数据库为核心,构建图形与属性共存的框架,彻底将图形和属性融为一体。EPSW 测图系统是面向地形、地籍、房产、管网、道路、水文、航道、林业等多行业的数据采集与管理系统。它支持多种模式和多种行业的数据采集、工程模板使数据生产标准化和规范化,支持编码符号自定义以适应不同地区的要求,直接利用数据库存储技术,采用动态实时存盘技术,支持一体化测图,输入输出功能强大,其交换格式包括 AutoCAD(dwg、dxf)、ArcGIS(shp、mdb)、MapGIS(wt\wl\wp)等,同时具有土方计算、自动提取纵横断面数据并生成纵横断面等多种工程计算与应用功能。

1.4 数字化测图现状与展望

1.4.1 数字测图现状

数字测图是基于计算机自动制图技术的测图方法。20 世纪 50 年代发达国家就开始了计算机自动制图方面的研究,70 年代已形成规模化生产能力,特别是全站仪、数字摄影测量技术的发展,为数字测图提供了有力技术保证。90 年代后,GPS-RTK 技术的成熟与应用,它的快速、简便与高效率,使得地面数字测图开创了新局面。

目前国内大面积数字测图主要采用数字摄影测量方法,直接外业数据采集数字测图模式主要是全站仪、GPS-RTK 数据采集数字化测图(草图测记)。该测图方式为大多数图形编辑软件所支持,它自动化程度较高,可以较大地提高外业工作效率。由于全站仪可以直接提供碎部点的坐标与高程,作业中主要的问题是采集地物属性与连接关系这些信息;一般应在现场对碎部点编号、确定属性与连接关系及绘制草图,以便内业图形编辑处理;这样既保证了地物属性与连接关系的正确性,又提高了工作效率。

GPS-RTK 数据采集数字化测图,它充分发挥现有 GPS 动态测量的作用,地物属性与连接关系这些信息的采集与处理同第一种模式基本相同,但有些隐蔽地方,需要用全站仪或测距仪配合完成数据采集。

电子平板测图作业模式的基本思想是利用计算机的屏幕来模拟图板,在现场一步完成数据采集、图形编辑的工作。其优点是现场图形编辑直观,很多地物属性与连接关系可直接处理,内业编辑工作量小。但对设备的要求较高。其中镜站遥控电子平板作业模式是目前最先进的测图模式,如图1-11所示。它将现代通讯手段与电子平板结合起来,彻底改变了传统的测图概念。该模式由持便携机的作业员在跑点现场一边指挥棱镜跑点,一边遥控全站仪观测,同时观测结果通过无线电传输到便携机,并自动展点;作业员就可根据展点和点位关系现场成图。这种模式对全站仪和通讯设备要求较高,全站仪必须具有自动跟踪功能。

地面数字测图的数据采集方法在不断更新发展,三维激光扫描系统、机载激光雷达(如图1-12所示)、移动扫描车、无人机测量系统,如图1-13所示,这些先进技术已经规模化应用。

图1-11　镜站遥控电子平板作业模式

图1-12　机载激光雷达数据采集作业模式

图1-13　南方移动扫描车与无人机测量系统

1.4.2　数字测图技术展望

展望数字测图技术的发展,将来在以下几方面应得到快速发展:

1) 地面数据采集仪器设备更加智能化

全站仪与 GPS-RTK 测量技术的高度集成,
如图 1-14 所示,这样的组合充分发挥了这两类
仪器的特点,全站仪测定碎部点方便迅速,GPS
实时定位,迁站快捷,这是外业直接数据采集的
一个发展方向。结合无线传输与实时网络传输
的应用,数据采集与处理将会更加自动化、实时
化与网络化。

2) 单点测量向点云测量转变

在外业直接进行数据采集时,传统的方法是
单点测量,不管是全站仪法还是 GPS-RTK 法,
都要一个一个地进行测量,在精度要求高,采集
密度大的情况下,工作量巨大,劳动强度大,效率
较低。随着三维激光扫描系统(地面与空中)的
应用,这种情况可以彻底改观,碎部点测量将从
单点测量时代向点云测量时代迈进,这是一个概
念与观念上的进步,是外业数字测图的发展方
向,如图 1-15 所示,某水坝的三维激光扫描点
云图。

图 1-14　全站仪与 GPS 组合(南方超站仪)

3) 数字地图由二维向多维动态发展

地理信息系统的发展趋势将从二维向多维动态发展,由单台套(机)向网络化发展,由简

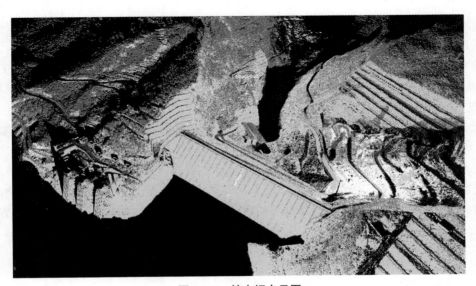

图 1-15　某水坝点云图

单数据结构向面向对象的矢栅一体化复杂数据结构发展。现在三维景观地图生产已经具有一定规模,随着实时三维数据采集仪器设备的广泛应用,动态、多维、网络地理信息系统的综合分析功能和知识挖掘技术水平的不断提高,利用虚拟现实等技术实现动态多维的虚拟再现是发展的必然。

4)数字化测图向信息化测绘转变

测绘信息化是指在测绘行业各个领域各个方面充分利用现代信息技术,深入开发和广泛利用地理信息资源,加速实现测绘现代化的进程。主要包括测绘手段现代化、产品形式数字化和信息服务网络化等。测绘信息化的特点主要体现在信息获取实时化、信息处理自动化、信息服务网络化、信息应用社会化等方面。

数字化测图相对于传统测图方法已经发生了根本性变革,其数字测绘成果不再只是简单的点位信息,而是包含地理空间位置与相关属性的数据集合,是地理信息系统(GIS)基础资料,因此,数字测图的内容将不断扩展,其应用也将更加广泛。例如一栋建筑物,除了要测定其特征点位置,还要采集其相关的信息,包括建筑物权属、材料、结构、面积、高度、建成时间、施工单位等相关信息,一条排水管线测绘,不只是位置和类别的信息,它还要包括埋深、管径、材质、流向、敷设时间、产权单位等相关信息。数字城市、智能城市的发展,离不开地理信息系统,地理信息系统的建立与更新,离不开基础地理信息数据采集,所以,信息化测绘是数字测图技术的发展方向和必然趋势。

今后,数字测图的数据处理将更加科学化、标准化、规格化;数字测图系统将更加智能化、实用化;信息化测绘的成果传播与应用将更加网络化、社会化;数字地图更新将更加自动化、实时化。

1.5 大比例尺数字测图技术设计

1.5.1 技术设计概念

技术设计的目的是制定切实可行的技术方案,保证测绘成果(或产品)符合技术标准和满足用户的要求,并获得最佳的社会效益和经济效益。

技术设计分项目设计和专业设计两大内容。项目设计是对具有完整性的测绘工序内容,且其产品可提供社会直接使用和流通的测绘项目所进行的综合性设计。一般由承担"项目"的法人单位负责编写。

专业设计是在项目设计的基础上,按工种进行具体的技术设计,是指导作业的主要技术依据。专业技术设计一般由具体承担"相应测绘专业任务"的法人单位负责编写。

技术设计的依据是上级下达任务的文件或合同书、有关的法规与技术标准、生产定额、成本定额及装备标准等。技术设计的原则是从整体到局部,顾及发展,满足用户要求,重视社会效益和经济效益。广泛收集、分析与利用已有的测绘资料。积极采用新技术、新方法和新工艺。

1.5.2 测绘技术的设计具体过程

为了保证技术设计文件满足规定要求的适宜性、充分性和有效性,测绘技术设计活动应

按照设计策划、设计输入、设计输出、设计评审、验证(必要时)和审批的程序进行,各阶段的主要内容如下:

(1) 设计策划:确定设计的主要阶段、职责权限,评审、验证(必要时)和审批活动安排。

(2) 设计输入:通常又称设计依据,与成果、生产过程或生产体系要求有关。

(3) 设计输出:指设计过程的结果,其表现形式为测绘技术设计文件。

(4) 设计评审:确定设计输出达到规定目标的适宜性、充分性和有效性。

(5) 设计验证:是通过提供客观证据,对设计输出满足输入要求的认定。

(6) 设计审批:测绘项目承接单位对技术设计文件进行审核后,一式二至四份报测绘项目的委托单位审批。

1.5.3 测绘项目设计的主要内容

测绘项目设计的主要内容包括:项目概述、作业区自然地理概况和已有资料情况、引用文件(标准与规范)、成果(或产品)主要技术指标和规格、设计方案、进度安排和经费预算及附录等。

(1) 概述:说明项目来源、内容和目标、作业区范围和行政隶属、任务量、完成期限、项目承担单位和成果(或产品)接收单位等。

(2) 作业区自然地理概况和已有资料情况:作业区自然地理概况描述,说明与测绘作业有关的作业区自然地理概况。说明已有资料的数量、形式、主要质量情况和评价;说明已有资料利用的可能性和利用方案等。

(3) 引用文件:本项目所引用的标准、规范或其他技术文件。

(4) 成果(或产品)主要技术指标和规格:说明成果(或产品)的种类及形式、坐标系统、高程基准,比例尺、分带、投影方法,分幅编号及其空间单元,数据基本内容、数据格式、数据精度以及其他技术指标等。

(5) 设计方案:内容包括完成项目所需软件和硬件配置、技术路线及工艺流程、技术规定、上交和归档的成果及质量保证措施和要求。

(6) 进度安排和经费预算:①进度安排。分别列出年度计划和各工序的衔接计划。②经费预算。编制分年度(或分期)经费和总经费计划。

(7) 附录:需进一步说明的技术要求;有关的设计附图、附表等。

1.5.4 专业技术设计的主要内容

专业技术设计的内容通常包括任务概述、作业区自然地理概况和已有资料情况、引用文件、成果(或产品)主要技术指标和规格、设计方案等,下面介绍"野外地形数据采集及成图"专业技术设计书的主要内容。

1) 任务概述

说明任务来源、测区范围、地理位置、行政隶属、成图比例尺、采集内容、任务量等基本情况。

2) 测区自然地理概况和已有资料情况

① 测区自然地理概况。测区地理特征、居民地、交通、气候情况和困难类别等。

② 已有资料情况。说明已有资料的施测年代、采用的平面及高程基准、资料的数量、形式、主要质量情况和评价,利用的可能性和利用方案等。

3) 引用文件

所引用的标准、规范或其他技术文件,如《1∶500、1∶1 000、1∶2 000 外业数字测图技术规程》(GB/T 19412—2005)等测量技术规范与规程。

4) 成果(或产品)规格和主要技术指标

说明作业或成果的比例尺、平面和高程基准、投影方式、成图方法、成图基本等高距、数据精度、格式、基本内容以及其他主要技术指标等。

例如,《1∶500、1∶1 000、1∶2 000 外业数字测图技术规程》(GB/T 19412—2005)规范对外业数字测图时一般规定主要内容有:

● 测图方法可采用电子平板作业模式或数字测记模式。

● 平面基准应采用 1980 西安坐标系的大地基准,高程基准应采用 1985 国家高程基准。

● 投影方式宜采用高斯—克吕格投影或通用横轴墨卡托投影(UTM),并且满足全测区长度变形不大于 2.5 cm/km。

● 地形图图幅应按矩形分幅,其规格为 40 cm×50 cm 或 50 cm×50 cm。图幅编号按图幅西南角图廓点坐标公里数编号,X 坐标在前,Y 坐标在后。

● 地形类别按表 1-1 划分。

表 1-1　地形类别划分表

地形类别	划分原则
平　地	大部分坡度在 2°以下地区
丘陵地	大部分坡度在 2°～6°以下地区
山　地	大部分坡度在 6°～25°以下地区
高山地	大部分坡度在 25°以上地区

● 地形图基本等高距按表 1-2 选用,同一测区内,一种比例尺地形图宜采用相同基本等高距。

表 1-2　地形图基本等高距选用表
单位:米

比例尺	地　形　类　别			
	平地	丘陵地	山地	高山地
1∶500	0.5	1.0(0.5)	1.0	1.0
1∶1 000	0.5(1.0)	1.0	1.0	2.0
1∶2 000	1.0(0.5)	1.0	2.0(2.5)	2.0(2.5)

注:括号内的等高距依用途需要选用

高程注记点的密度:图上 100 cm² 内 5～20 个,一般选择明显地物点或地形特征点。

● 地形图地物点平面位置精度应符合表 1-3 规定。

表 1-3　地物点平面位置精度　　　　　　单位：米

地区分类	比例尺	点位中误差	邻近地物点间距中误差
城镇、工业建筑区平地、丘陵地	1：500	±0.15(±0.25)	±0.12(±0.20)
	1：1 000	±0.30(±0.50)	±0.24(±0.40)
	1：2 000	±0.60(±1.00)	±0.48(±0.80)
困难地区隐蔽地区	1：500	±0.23(±0.40)	±0.18(±0.30)
	1：1 000	±0.45(±0.80)	±0.36(±0.60)
	1：2 000	±0.90(±1.60)	±0.72(±1.20)

● 高程精度应符合以下规定

高程注记点相对于邻近图根点的高程中误差不应大于相应比例尺地形图基本等高距的 1/3，困难地区可放宽 0.5 倍。等高线插求点的高程中误差应符合表 1-4 所示要求。

表 1-4　等高线插求点的高程中误差

地形类别	平地	丘陵地	山地	高山地
高程中误差	$\leqslant 1/3H$	$\leqslant 1/2H$	$\leqslant 2/3H$	$\leqslant 1\times H$

H 为基本等高距

5）设计方案

设计方案中的内容较多，一般应包括：测量仪器精度指标、图根控制测量、规定作业方法和技术要求（含特殊要求）、质量控制环节和质量检查的主要要求、上交和归档成果及其资料的内容和要求、有关附录等。

根据《1：500、1：1 000、1：2 000 外业数字测图技术规程》（GB/T 19412—2005）规范，对外业数字测图的设计方案中的相关内容规定如下：

（1）确定测量仪器的类型、数量、精度指标等。

（2）图根控制测量要求

四等以下各级基础平面控制测量的最弱点相当于起算点点位中误差不应大于 5 cm。

四等以下各级基础高程控制测量的最弱点相当于起算点高程中误差不应大于 2 cm。

图根点密度、点位中误差和高程中误差应符合表 1-5 的规定。

表 1-5　图根点密度与精度要求

比例尺	相对于图根起算点点位中误差	高程中误差	图根点密度（点数/km²）
1：500	$\leqslant 5$	$\leqslant 1/10\times H$	64
1：1 000	$\leqslant 10$		16
1：2 000	$\leqslant 10$		4

H 为基本等高距

（3）规定作业方法和技术要求

规范规定图根平面控制测量可以采用图根导线、极坐标法（引点法）和交会法布设。加密图根点不宜超过二次附合。

① 图根导线测量要求

图根导线测量的主要技术要求如表 1-6 所示。

表 1-6　图根导线测量的主要技术

附合导线长度(m)	平均边长	相对闭合差	测角中误差(″)		测回数 DJ6	方位角闭合差(″)	
			一般	首级		一般	首级
1.3M	不大于碎部点最大测距的1.5倍	≤1/2 500	±60	±60	1	$±60\sqrt{n}$	$±40\sqrt{n}$

注：M 为测图比例尺分母，n 为测站数

图根点高程应采用图根水准测量或电磁波测距三角高程测量方法测定，其技术要求如表 1-7、表 1-8 所示。

表 1-7　图根水准测量技术要求

仪器类型	附合路线长度(km)	i 角(″)	视线长度(m)	观测次数		往返较差、附合或环线闭合差(mm)	
				联测	附合	平地	山地
DS10	5	≤30	100	往返	往	$±40\sqrt{L}$	$±12\sqrt{n}$

注：L 为水准路线长度，以公里为单位。n 为测站数

表 1-8　电磁波测距三角高程测量技术要求

仪器类型	测回数	指标差较差(″)	垂直角较差(″)	附合或环线闭合差(mm)
DJ6	2	25	25	$±40\sqrt{D}$

注：D 为路线长度，以公里为单位

② 数据采集要求

碎部点观测记录应包括测站点号、仪器高、观测点号、编码、觇标高、斜距、垂直角、水平角、连接点、连接类型等，其格式可以自行规定。

数据采集时采用的地形要素分类与编码可自行规定，但最终成果所采用的要素分类与编码应按 GB/14804—1993（现已被 GB/13923—2006 代替）的规定执行。

数据采集时，碎部点的间距与测距长度一般应按表 1-9 的规定执行，地性线、断裂线变化大处应增加采集点密度。在保证碎部点精度的前提下，测距长度可适当增加。

表 1-9　碎部点的间距与测距长度要求　　单位：m

比例尺	1∶500	1∶1 000	1∶2 000
平均间距	25	50	100
最大测距长度	200	350	500

数据采集时,水平角、垂直角读数记至度盘最小分划,觇标高量至厘米,测距读数记至毫米,归零检查和垂直角指标差不大于 $1'$。

采用数字测记模式时,一般均应草图绘制。草图要标注测点号,应与数据文件中的测点号完全一致。草图上,各要素间的位置关系应正确、清晰,各种地物地貌名称、属性等信息应正确、齐全。

③ 数据处理的一般原则

外业原始测量数据不能随意修改,数据应及时处理,对照实地进行检核。

用于图廓整饰的图廓数据(线划、文字、说明、图例及直角坐标网线)等宜用软件生成。

草图、观测数据和属性数据要对照实地进行检查,当对照检查有问题时,草图错误可按照实地情况修改草图,测点号、地形和属性编码有误时,可以修改,但水平角、垂直角、距离、觇标高、仪器高等数据不允许更改,要求现场返工重测。数据修改后,应核对检查,及时存盘,做好备份。

④ 数据分层

数字地图产品的分层与层名按表1-10规定执行。

表1-10 图层分层及层名代码规定

主层名	项 目			
	层名代码	顺序号	类型	要素内容
控制点	Cor	1	点	测量控制点
居民地	Res	2	点、线	居民地
工矿建筑物	Bui	3	点、线	工矿建构筑物及附属设施
交通	Roa	4	点、线	交通运输及附属设施
管线	Pip	5	点、线	管线及附属设施
水系	Hyd	6	点、线	水系及附属设施
境界	Bou	7	点、线	境界
地貌与土质	Ter	8	点、线	地貌、土质
植被	Veg	9	点、线	植被
高程	Ele	10	点、线	等高线、高程点
注记	Ano	11	注记	注记
图廓	Net	999	线、注记	图廓及整饰要素

根据项目需要,各层可向下详细分层,层名应用汉字命名,其规则是:

有特定要求时,不同类(或部分要素)可以合并为一图层。图廓数据应单独分层。分层方案应在技术设计书中和元数据文件中加以说明。

⑤ 等高线处理

等高线及数字高程模型应以测区(分区)为单位处理或建立。数字地面模型应考虑地性线、断裂线及地貌变化,以保证地貌的真实性;等高线必须采用严密数学模型计算生成,并对照实地进行检查,发现问题,及时纠正。

⑥ 数据文件组织与格式

数据文件应以测区为单位组织,以图幅为单位存储于管理,文件的组织与命名可以参照《基础地理信息数字产品数据文件命名规则》(CH/T 1005—2000)执行。各测图软件可用自定义的数据格式进行内部交换与处理,不同软件系统之间的数据信息交换,可参照《地理空间数据交换格式》(GB/T 17798—2007)执行。元数据应是文本文件,每幅图均应有元数据文件,其数据项参照规范执行。

⑦ 数字地图编辑

作业内容包括居民地、点状地物、交通、管线、水系、境界、等高线、植被及注记要素的编辑。

例如居民地编辑要点是:街道与道路的衔接处,应保持 0.2 mm 的间隔,建筑物旁陡坎不能准确绘制时,可以移位表示,并与建筑物保持 0.2 mm 的间隔;建筑物与水涯线重合时,建筑物完整绘出,水涯线断开。

其他要素及图廓整饰注记按 GB/T 7929—2007 有关规定执行。

(4)其他特殊要求

当项目采用新技术、新仪器测图时,需规定具体的作业方法、技术要求、限差规定和必要的精度估算。

(5)质量控制环节和质量检查的主要要求

① 执行"二级检查一级验收"制度

数字测绘产品实行过程检查、最终检查和验收制度,即二级检查一级验收制度。过程检查由生产单位检查人员承担,最终检查由生产单位的质量管理机构负责实施,验收由项目委托单位组织实施,或由该单位委托有检验资格的检验机构验收。

② 检查验收应提供资料:

技术设计书、技术总结、数据文件(含元数据文件等)、检查图、作业技术规定或技术设计书规定的其他材料。

③ 检查内容与方法

按照《测绘成果质量检查与验收》(GB/T 24356—2009)的规定,检查内容包括数学精度、数据及结构正确性、地理精度、整饰质量、附件质量等。

数字地图平面检测点应均匀分布,每幅图选取 20 个。检测点的平面坐标和高程采用外业散点法按测站点精度施测,相邻地物点间距检查,每幅图不少于 20 处,检测数据处理按 GB/T 18316—2008 中相应规定处理。

(6)上交和归档成果及其资料的内容和要求

上交和归档成果主要包括:技术设计书(可含项目设计书)、测图控制点展点图、水准路线图、埋石点点之记、控制点平差计算成果表、地形图数据文件、元数据文件及其他数据文件、地形图、产品检查报告、产品验收报告、技术总结报告等。

上交资料中,数据文件应正确、完整、规范、清晰且要满足以下要求:

即时性:随时记录和反映项目的前后工序之间以及与其他数据生产环节中遇到的各种问题。

一致性:技术设计及生产过程的前后工序之间以及与其他相关标准之间的名词、术语、符号、计算单位等均应与有关法规和标准保持协调一致,同一项目中文档的内容应协调一致,不能有矛盾。

完整性:要求的文档资料应齐全、完整。

可读性:文字简明扼要,公式、数据及图表准确,便于理解和使用。

真实性:内容真实,对技术方案、作业方法和成果质量应做出客观的分析和评价。

其他未提及的数据文件、图件、文档等资料,各部门可根据实际需要予以增减。

(7) 有关附录(附图)

主要包括测区基础控制网设计(选点)图、等级水准测量路线图及其他有关附录等内容。

"野外地形数据采集及成图"专业技术设计书的基本格式、详细内容参见附录 A。

1.5.5 数字测图技术规范与规定

表 1-11 列出了与数字测图相关的测量规范与规程,根据项目设计需要参考选用。

表 1-11 数字测图主要技术依据

序号	名 称	标准代号
1	工程测量规范	GB 50026—2007
2	城市测量规范	CJJ/T 8—2011
3	1∶500、1∶1 000、1∶2 000 地形图图式	GB/T 20257.1—2007
4	基础地理信息要素分类与代码	GB/T 13923—2006
5	基础地理信息要素数据字典	GB/T 20258.1—2007
6	基础地理信息城市数据库建设规范	GB/T 21740—2008
7	数字测绘成果质量要求	GB/T 17941—2008
8	数字地形图产品基本要求	GB/T 17278—2009
9	数字测绘成果质量检查与验收	GB/T 13816—2008
10	测绘成果质量检查与验收	GB/T 24356—2009
11	1∶500、1∶1 000、1∶2 000 外业数字测图技术规程	GB/T 19412—2005
12	城市基础地理信息系统技术规范	CJJ/T 100—2004
13	基础地理信息数字产品元数据	CH/T 1007—2001
14	测绘技术设计规定	CH/T 1004—2005
15	测绘技术总结编写规定	CH/T1001—2005
16	1∶500、1∶1 000、1∶2 000 地形图航空摄影测量外业规范	GB/T 7931—2008
17	1∶500、1∶1 000、1∶2 000 地形图航空摄影测量内业规范	GB/T 7930—2008
18	地理空间数据交换格式	GB/T 17798—2007

序号	名　称	标准代号
19	测绘作业人员安全规范	CH 1016—2008
20	测绘生产质量管理规定	1997 年 7 月 22 日国家测绘局发布的
21	测绘地理信息质量管理办法	2015 年 6 月 26 日国测国发〔2015〕17 号

思考题与习题

1. 什么是数字地图？
2. 数字地图有哪些特点？
3. 常用的数字地图有哪些类型？
4. 大比例尺数字测图有哪些主要作业过程？
5. 一个完整的数字测图系统需要哪些软、硬件配置？
6. 野外地形数据采集及成图专业技术设计的主要内容有哪些？
7. 专业技术设计书中方案设计的主要内容有哪些？
8. 数字测图常用的测量规范与规程有哪些？

2 计算机地图制图基础知识

计算机地图制图是数字化测图的基础,本章主要介绍其基本概念、坐标转换、直线绘制、圆(弧)及曲线的绘制、二维图形裁剪、地图符号的自动绘制、等高线绘制、图形绘制实现方法等计算机地图制图的基础知识。

2.1 计算机地图制图的基本概念

计算机地图制图是指以计算机硬件设备为基础,在相应软件系统支持下,以数字格式对地图制图要素进行采集、处理与管理,按照地图制作的规范进行符号化、图版制作与输出,并提供地图自动分析的全过程。或者说,计算机地图制图是以传统的地图制图原理为基础,以计算机及其外围设备为工具,采用数据库技术和图形数字处理方法,实现地图信息的获取、变换、传输、识别、存储、处理、显示和绘图的应用技术。

与传统地图制图比较,计算机地图制图的特点:信息容量大,易于校正、编辑和更新;无级缩放、无缝漫游;良好的交互性,地图制图自动化程度较高,制图效率高;成图精度高,更新速度快;便于信息共享与交流,易于派生新信息;易于与其他系统结合。

数字测图是将碎部点的坐标和图形信息输入计算机,在计算机屏幕上显示地物、地貌图形,经人机交互式编辑,生成数字地形图或由绘图仪绘制地形图。由于测量坐标、计算机屏幕坐标和绘图仪坐标各自定义在不同的坐标系里,因此,在计算机图形显示或绘图仪绘制地形图时必须进行坐标变换。

计算机制图过程中,要实现因"数"变"图"或由"图"变"数"的过程,必须应用计算机图形处理技术;需要研究制图的数据结构和数据库技术;必须有相应的软硬件设备。计算机制图系统的组成包括通用硬件和软件两大部分。该系统的主要硬件包括数字化仪、扫描仪、主机(计算机)、高分辨率显示器、打印机及绘图仪等组成。软件则应包括系统软件和应用软件。系统软件分为操作系统和程序设计软件;程序设计软件如 Basic、C/C♯ 等。应用软件如AutoCAD、CorelDRAW 等绘图软件。

目前表示地图图形的数据格式有矢量形式和栅格形式两种,简称矢量数据和栅格数据,如图 2-1 所示为矢量和栅格形式表示的 GPS 点符号。

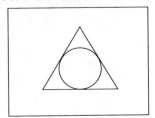
矢量形式表示

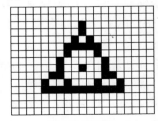
栅格形式表示

图 2-1 图形的数据表示形式

矢量数据是代表地图图形的离散点平面坐标(X, Y)的有效集合;栅格数据是地图图形栅格单元(又称像元或像素)按矩阵形式的集合。矢量数据和栅格数据可以互相转换。

计算机绘图时,由于显示器(包括绘图打印设备)是一种画点的设备,其图形(包括文字)的显示方式实质是按一定网格密度控制一定数量的小光点(像素)的亮与不亮来实现的。在显示设备上确定这些像素的显示属性和颜色来显示图形和文字的过程称为图像(或文字)的光栅化。图形的显示范围使用窗口来定义,如图 2-2 所示。一般地形图图形显示仅限于图形的某个区域,如一幅地形图,这一区域也称为窗口,为方便起见,可以把窗口定义为矩形,图中$(\min X_g, \min Y_g)$为窗口左下角坐标,$(\max X_g, \max Y_g)$为窗口右上角坐标。

2.2 坐标变换

数字测图中涉及三个坐标系:测量坐标系、计算机屏幕坐标系及绘图仪坐标系。

测量坐标系采用高斯-克吕格坐标系或者是独立坐标系,它们都是一种平面直角坐标系统,如图 2-2 所示。在测量坐标系中一般以米为单位,从理论上来讲测量坐标系中的取值范围可以是整个实数域,在实际工作中它的取值往往和某一地理区域有关。测量坐标系通常也称为用户坐标系。

计算机屏幕坐标系与测量坐标系有所不同,它的坐标原点在屏幕的左上角,如图 2-3 所示。在屏幕坐标系中以屏幕点阵为坐标单位,它的取值范围只能是正整数,具体和屏幕的分辨率有关,如对一个设置为 1 366×768 分辨率的显示器来讲,它的坐标取值在[0~1 365]×[0~767]之间。

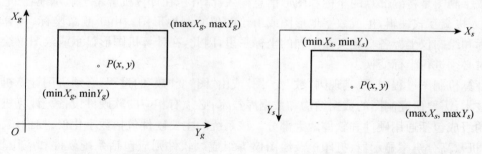

图 2-2　测量坐标系　　　　　图 2-3　计算机屏幕坐标系

绘图仪坐标系和笛卡儿坐标系是相同的,它的坐标原点对不同的绘图仪硬件的缺省值不尽相同,有的位于绘图仪幅面的左下角,有的位于绘图仪幅面的中心,但一般都可通过软件将绘图仪的坐标原点设于绘图仪有效绘图区的任一位置。绘图仪的坐标单位为绘图仪脉冲当量,多数绘图仪的一个脉冲当量等于 0.025 mm。计算机屏幕坐标系和绘图仪坐标系也称为设备坐标系。

测量坐标系到计算机屏幕坐标系的变换和测量坐标系到绘图仪坐标系的变换,是计算机地图制图中的两个最基本的数学变换。

1) 测量坐标系到计算机屏幕坐标系的变换

对实地测量坐标系中某点 P 转换到计算机屏幕坐标系中的坐标可按下式计算:

$$\begin{cases} x_s = \min X_s + \delta_x(Y_g - \min Y_g) \\ y_s = \min Y_s - \delta_x(X_g - \min X_g) \end{cases} \tag{2-1}$$

其中，(X_g, Y_g)为点 P 在测量坐标系中的坐标，$(\min X_g, \min Y_g)$为要显示区域的最小测量坐标（左下角），$(\max X_g, \max Y_g)$为最大测量坐标（右上角，如图 2-2 所示）。(X_s, Y_s)为 P 点在计算机屏幕显示区的屏幕坐标，$(\min X_s, \min Y_s)$为屏幕显示区的最小坐标（左上角），$(\max X_s, \max Y_s)$为屏幕显示区的最大坐标（右下角，如图 2-3 所示），δ_x，δ_y为测量坐标到屏幕坐标换算的比例系数，可按下式计算：

$$\begin{cases} \delta_x = \dfrac{\max X_s - \min X_s}{\max Y_g - \min Y_g} \\ \delta_y = \dfrac{\max Y_s - \min Y_s}{\max Y_g - \min Y_g} \end{cases} \tag{2-2}$$

为了使得在计算机屏幕上显示的图形不至变形，由测量坐标到屏幕坐标换算的比例系数在 X 方向和 Y 方向应采用相同的比例系数 δ_{xy}，它应该取由（2-2）式计算出的两个系数中的较小者。

2）测量坐标系到绘图仪坐标系的换算

如图 2-2 中的 P 点到如图 2-4 所示的绘图仪坐标系中的坐标可按下式计算：

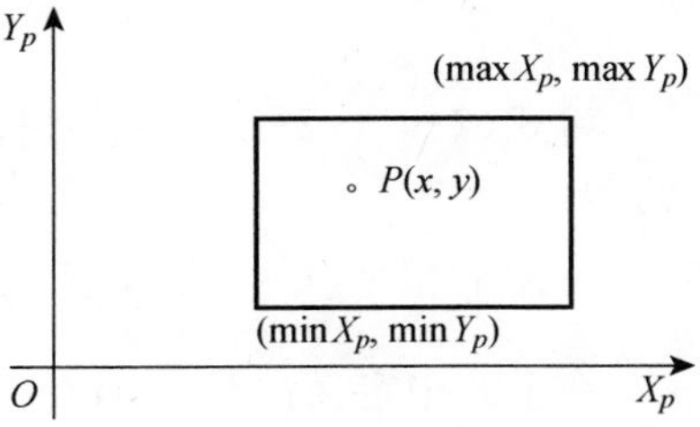

$$\begin{cases} X_p = \min X_p + (Y_g - \min Y_g) \\ Y_p = \min Y_p - M(X_g - \min X_g) \end{cases} \tag{2-3}$$

其中，(X_g, Y_g)、$(\min X_g, \min Y_g)$的意义同前所述，(X_p, Y_p)为 P 点在绘图仪坐标系中的坐标，$(\min X_p, \min Y_p)$为绘图左下角在绘图仪上的定位坐标，M 为测量坐标到绘图仪坐标换算的比例系数。

图 2-4　绘图仪坐标系

2.3　直线绘制

数学上，理想的直线是没有宽度的，由无数个点构成的集合。用计算机绘制直线是在显示器所给定的有限个像素组成的矩阵中，确定最佳逼近该直线的一组像素，并且按扫描线的顺序，对这些像素进行写操作，实现在显示器上绘制直线，即通常所说的直线的扫描转换，或称直线光栅化。

1）绘制直线的算法

绘制直线的常用算法有数值微分法（DDA）、中点画线法和 Bresenham 算法等。由于一个图形中可能包含成千上万条直线，所以要求绘制直线的算法应尽可能的快，而 Bresenham 算法能比较好地解决这一问题。下面介绍 Bresenham 算法绘制直线的基本思路。

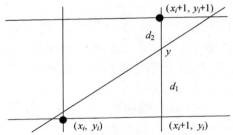

图 2-5　直线光栅化 Bresenham 算法

如图 2-5 所示，Bresenham 算法的基本思路是利用方向判别变量(P_i)决定下一个要显示的像素点。

在笛卡儿坐标系中，设直线起点坐标为(x_1，y_1)，终点坐标为(x_2，y_2)，则直线方程可表示为 $y = kx + b$，其中 $b = y_1 - kx_1$，$k = (y_2 - y_1)/(x_2 - x_1) = dy/dx$；设直线方向限于第一象限，该栅格左下角像素坐标为(x_i，y_i)，x 每次都增加 1 个单元(列)，像素的列坐标为 $x_i + 1$，下一个像素点的行坐标为 y_i 或者递增 1 为 $y_i + 1$。行坐标是选择 y_i 还是 $y_i + 1$？由图可见，可利用距离 d_1 及 d_2 的大小而定，如果 $d_1 - d_2 > 0$，则取 $y_{i+1} = y_i + 1$，否则 $y_{i+1} = y_i$。如图 2-5 所示有如下计算公式：

$$y = k(x_i + 1) + b \tag{2-4}$$

$$d_1 = y - y_i \tag{2-5}$$

$$d_2 = y_i + 1 - y \tag{2-6}$$

$$\Delta_d = d_1 - d_2 \tag{2-7}$$

将式(2-4)、(2-5)、(2-6)代入(2-7)，再用 dx 乘等式两边，$k = dy/dx$ 代入上述等式，得

$$dx\Delta_d = 2x_i dy - 2y_i dx + 2dy + (2b-1)dx \tag{2-8}$$

在上式中定义：$P_i = dx\Delta_d = dx(d_1 - d_2)$，令 $c = 2dy + (2b-1)dx$，则有：

$$P_i = 2x_i dy - 2y_i dx + c \tag{2-9}$$

由于在第一象限，dx 总大于 0，P_i 仍旧可以判断直线绘制方向的判别变量。

在(2-9)式中，以列坐标 $i = i + 1$ 代入，则有：

$$P_{i+1} = 2x_{i+1} dy - 2y_{i+1} dx + c \tag{2-10}$$

用(2-10)式减去(2-9)式，并用 $x_{i+1} = x_i + 1$ 可得：

$$P_{i+1} = P_i + 2dy - 2(y_{i+1} - y_i)dx \tag{2-11}$$

求初值 P_1，可将 x_1、y_1 和 b 代入式(2-9)中的 x_i、y_i，得

$$P_1 = 2dy - dx \tag{2-12}$$

由以上描述可知：

对于像素点($x_{i+1} = x_i + 1$，$y_{i+1} = y_i + 1$)，$P_i > 0$ 则有 $P_{i+1} = P_i + 2(dy - dx)$；对于像素点($x_{i+1} = x_i + 1$，$y_{i+1} = y_i$)，$P_i < 0$，则有 $P_{i+1} = P_i + 2dy$。从这里可以看出，第 $i+1$ 步的判别变量 P_{i+1} 仅与第 i 步的判别变量 P_i、直线的两端点坐标差 dx、dy 有关，并且只用整数加和乘 2 运算，该算法便于快速处理。

综述上面的推导，第一象限内的直线 Bresenham 算法思想如下：

(1) 画点(x_1，y_1)，$dx = x_2 - x_1$，$dy = y_2 - y_1$，计算初值 $P_1 = 2dy - dx$，$i = 1$。

(2) 求直线的下一点位置 $x_{i+1} = x_i + 1$，如果 $P_i > 0$，则 $y_{i+1} = y_i + 1$，否则 $y_{i+1} = y_i$。

(3) 画点(x_{i+1}，y_{i+1})。

(4) 求下一个判别变量 P_{i+1}，如果 $P_i > 0$，则 $P_{i+1} = P_i + 2dy - 2dx$，否则 $P_{i+1} = P_i +$

2dy。

（5）$i = i + 1$；如果 $i < \mathrm{d}x + 1$ 则转到步骤（2）；否则结束操作。

2）绘制直线的函数

利用高级语言绘图时不需要按上面的直线绘图算法一步一步编程来绘图，因为大部分的高级语言都提供了基本图形的绘制函数，在相应编程环境中直接调用就可以了。如 VB 中绘制直线的函数为：

$\text{Line}(X_1 , Y_1) - (X_2 , Y_2)$, color, B(F)

其中：(X_1 , Y_1)、(X_2 , Y_2) 为直线起点、终点坐标，color 为颜色，B 表示以 (X_1 , Y_1)、(X_2 , Y_2) 为左下角和右上角的矩形，B(F) 为填充矩形。

2.4　圆、圆弧及曲线的绘制

2.4.1　圆的绘制

计算机绘图中绘圆的方法较多，常用的有指定圆心和半径；指定圆心和直径；指定两点；指定 3 点；指定两个相切对象和半径；指定 3 个相切对象等方法。本节介绍指定圆心和半径方法的绘制原理。

给出圆心坐标 (x_c , y_c) 和半径 r，逐点画出一个圆周的基本算法有直角坐标法、极坐标法和 Bresenham 算法。直角坐标和极坐标生成圆算法虽然算法简单，但计算量大，效率较低，下面介绍 Bresenham 绘圆生成算法。

设圆的半径为 r，圆心为 $(0 , 0)$。考虑到圆周上点的对称性，先介绍从 $x = 0$、$y = r$ 开始的顺时针方向的 1/8 圆周的生成过程。如图 2-6 所示，从 $x = 0$ 开始，到 $x = y$ 结束，x 每步增加 1，即有 $x_{i+1} = x_i + 1$；相应的 y_{i+1} 则在两种可能中选择：$y_{i+1} = y_i$ 或者 $y_{i+1} = y_i - 1$。选择的原则是考察精确值 y 是靠近 y_i 还是靠近 $y_i - 1$，具体来说，可以用判别变量 P_i 来确定，其计算公式为：

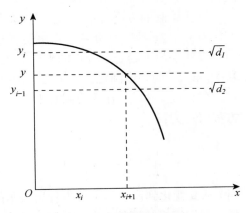

图 2-6　确定 Y 的位置

$$y^2 = r^2 - (x_i + 1)^2 \tag{2-13}$$

$$d_1 = {y_i}^2 - y^2 = {y_i}^2 - r^2 + (x_i + 1)^2 \tag{2-14}$$

$$d_2 = y^2 - (y_i - 1)^2 = r^2 - (x_i + 1)^2 - (y_i - 1)^2 \tag{2-15}$$

令 $p_i = d_1 - d_2$，并代入 d_1、d_2，则有

$$p_i = 2(x_i + 1)^2 + {y_i}^2 + (y_i - 1)^2 - 2r^2 \tag{2-16}$$

如果 $p_i < 0$，则 $y_{i+1} = y_i$，否则 $y_{i+1} = y_i - 1$。

p_i 的递归式为

$$p_{i+1} = p_i + 4x_i + 6 + 2(y_{i+1}^2 - y_i^2) - 2(y_{i+1} - y_i) \qquad (2-17)$$

p_i 的初值由式(2-16)中代入 $x_i = 0$，$y_i = r$，得

$$p_1 = 3 - 2r \qquad (2-18)$$

综上所述，圆周生成算法思想如下：

(1) 求判别变量初值，$p_1 = 3 - 2r$，$i = 1$，画点 $(0, r)$。

(2) 求下一个光栅位置，其中 $x_{i+1} = x_i + 1$，如果 $p_i < 0$ 则 $y_{i+1} = y_i$，否则 $y_{i+1} = y_i - 1$。

(3) 画点 (x_{i+1}, y_{i+1})。

(4) 计算下一个误差，如果 $p_i < 0$ 则 $p_{i+1} = p_i + 4x_i + 6$，否则 $p_{i+1} = p_i + 4(x_i - y_i) + 10$。

(5) $i = i + 1$，如果 $x = y$ 则结束，否则返回步骤(2)。

2.4.2 圆弧的绘制

圆弧绘制方法的实质是确定某段圆弧的起点、终点和圆弧上的其他点的坐标位置，并将其栅格化，栅格化的过程与圆的绘制方法一致。

圆弧绘制的方法有很多，如三点法、起点圆心法、起点端点法等。不同参数的给定，绘制方法有一定差异，下面介绍三点法绘制圆弧的基本思路与步骤。

设在平面上给定 3 个点的坐标 $P_1(x_1, y_1)$，$P_2(x_2, y_2)$，$P_3(x_3, y_3)$，我们就可以产生从 P_1 到 P_3 的一段圆弧。这里的关键是要求出圆心坐标和半径，以及起点 P_1 和终点 P_3 所对应的角度 t_s 和 t_e。在求出圆心坐标 (x_c, y_c) 和半径 (r) 后，则以角度 t 为参数的圆的参数方程可写为：

$$\begin{cases} x = x_c + r\cos t \\ y = y_c + r\sin t \end{cases} \qquad (2-19)$$

当 t 从 0 变化到 2π 时，上述方程所表示的轨迹是一整圆；当 t 从 t_s 变化到 t_e 时，则产生一段弧。我们定义角度的正方向是逆时针方向，所以圆弧是由 t_s 到 t_e 逆时针画圆得到的。

要产生从 t_s 到 t_e 这段圆弧的最主要问题是离散化圆弧，即求出从 t_s 到 t_e 所需运动的总步数 n。可令：

$$n = (t_e - t_s)/\mathrm{d}t + 0.5 \qquad (2-20)$$

其中 $\mathrm{d}t$ 为角度增量，即每走一步对应的角度变化。下面的问题就是如何选取 $\mathrm{d}t$。通常，是根据半径 r 的大小来给定 $\mathrm{d}t$ 的经验数据。在实际应用中，应对速度和精度的要求加以折中，并适当调整 $\mathrm{d}t$ 的大小。

确定 $\mathrm{d}t$ 后，就可以计算圆弧上点的坐标 (x, y)，用类似绘圆的方法（如 Bresenham 算法、中点法、正负法、DDA 算法）确定这些点相应的栅格位置：(x_{i+1}, y_{i+1}) 或 (x_{i+1}, y_i)。

实际绘制过程中，若用户给定的 $t_e < t_s$，则可令 $t_e = t_e + 2\pi$，以保证从 t_s 到 t_e 逆时针画圆。如果 $n = 0$，则令 $n = 2\pi/\mathrm{d}t$，即画整圆。为避免累积误差，最后应使 $t = t_e$，强迫止于终点。

2.4.3 绘制圆、圆弧的函数

VB 语言中绘制圆、圆弧的函数为:

Circle(X, Y), Raduis, Sart, End, color, Aspec

其中:(X, Y)为圆心坐标,Raduis 为半径,Sart 为圆弧起点,End 为圆弧终点,color 为圆弧的颜色,Aspec 是长短轴比。

2.4.4 曲线的绘制

在地形图绘制过程中遇到的曲线归纳起来有两大类:一类是规则曲线,如圆、椭圆、三角函数曲线等,他们可以用一个规则的方程式来描述。另一类为不规则曲线,如地形图上的等高线、道路、水系等曲线符号,常规测图方法中由手工来绘制这类曲线,而应用计算机绘制这类曲线必须采用一定的数学方法(曲线拟合法)来完成,即用一些测量的离散数据用拟合光滑方法来生成曲线。

曲线拟合包括插值与逼近两种基本方法,插值要求曲线通过所有给定点(型值点),逼近则不要求曲线通过所有给定点(型值点),只要求反映曲线整体的变化趋势。因此,在要求较高时,应采用插值拟合曲线绘制方法。

如图 2-7 所示,A、B、C、D、E 是 5 个数据点,在 AB、BC 等线段上用一定的数学方法插进一系列加密点,如 1、2、3、4 等。对所有的点依次相连得到一连串边长很短的折线,由于相邻两点距离很短,看起来就是一条比较光滑的曲线。因此,曲线光滑就是根据给定的一系列特征点建立曲线函数,计算加密点来完成曲线光滑连接。

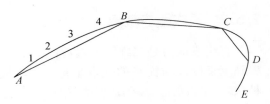

图 2-7 加密点的曲线光滑

曲线光滑的数学方法很多,如最小二乘法、线性迭代法(抹角法)、抛物线加权平均法、分段三次多项式插值法、张力样条函数插值法等。

最小二乘法的实质是拟合点与给定点的偏差为最小。该方法数学上是严密的,但是拟合曲线不一定经过给定点(型值点)。

线性迭代法(抹角法)的实质是反复进行线性迭代产生加密的折线,从而对曲线进行光滑处理。其缺点是光滑后的曲线会偏离原始数据点,有较大的位置误差,精度低。

抛物线加权平均法曲线光滑是根据给定的曲线特征点顺序每相邻的三个点构成一条抛物线,相邻两点间的前后抛物线的重合部分用加权平均方法光滑曲线。该方法数学上是严密的,计算过程简单,能保证光滑曲线通过给定点,但需要在首末处插补点,并且分段较多。

分段三次多项式插值法是在每条直线段建立一条三次曲线,并且整条曲线上有连续的一阶导数。该方法数学上是严密的,拟合曲线通过给定点,但计算过程复杂,在曲线变化较大时,会出现相邻曲线相交的现象;另外,由于导数的计算需要 5 个点,所以,在首末处插补点两点。

张力样条函数插值法是在一般的三次样条函数中引入一个张力系数 σ,当 $\sigma \to 0$ 时,张力样条函数就等同于三次样条函数;当 $\sigma \to \infty$ 时,张力样条函数就退化为分段线性函数,即相邻节点之间以直线连接。可以选择适当的张力系数 σ，以改变曲线的松紧度，使曲线的走向更加合理。张力样条函数插值法可以克服其他曲线拟合方法的不通过给定点和拟合曲线相交的现象，是地形图绘制时曲线绘制的一种常用方法。

2.5　二维图形裁剪

计算机绘图和数字地图制图过程中，经常会遇到图形裁剪的问题。图形裁剪是确定某一图形元素（如直线、圆等）是否与窗口（多边形或矩形）相交的过程。从图形维数来分，图形裁剪分为二维图形裁剪和三维图形裁剪，本节介绍计算机绘图和数字地图制图过程中二维图形裁剪基本知识。

2.5.1　点的裁剪

点的裁剪比较容易实现，在图 2-2 坐标系中，矩形窗口左下角的坐标为（$\min X_g$，$\min Y_g$），窗口右上角的坐标为（$\max X_g$，$\max Y_g$）。若某一点的坐标为 x、y，同时满足 $\min X_g \leqslant x \leqslant \max X_g$ 和 $\min Y_g \leqslant y \leqslant \max Y_g$，则该点在窗口内，否则在窗口外，就可以确定该点是否被裁剪掉。

2.5.2　直线段的裁剪

直线段裁剪是二维图形裁剪的主要内容之一，其目的是要确定直线段与窗口的交点坐标。直线段的裁剪算法有多种，如矢量裁剪法、编码裁剪法、中点分割裁剪法等，这里介绍矢量裁剪算法。

直线段与窗口的相互位置关系如图 2-8 所示。

图中：a 表示直线段与窗口相交的情况；需要进行裁剪。

b 表示直线段与窗口无交点并全部位于窗口内的情况；不需要进行裁剪。

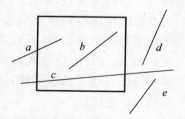

图 2-8　直线段与窗口的相互位置关系

c 表示直线段与窗口有两个交点的情况；需要进行裁剪。

d、e 表示直线段与窗口无交点并全部位于窗口外面的情况；不需要进行裁剪。

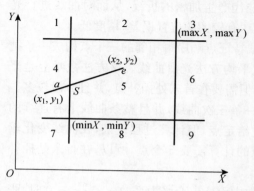

图 2-9　线段裁剪

线段的裁剪算法就是要找出位于窗口内部的线段的起始点和终止点的坐标。因为矢量裁剪法对寻找起点和终点坐标的处理方法相同，下面仅以求始点坐标为例来说明线段矢量裁剪方法。

为了讨论方便，把窗口的四条边延伸将屏幕分为九个区域，分别用 1～9 数字编号，5 区为窗口内可见区，窗口左下角坐标为（$\min X_g$，$\min Y_g$），窗口右上角的坐标为（$\max X_g$，$\max Y_g$）。如图 2-9 所示。现有直线段 a，其起点、终点坐标分别为（x_1，y_1）和（x_2，y_2），则对其进行矢量法裁剪步骤如下：

（1）线段 a 不在窗口内的判断

若线段的两端点坐标满足下列条件之一：

$$
\left.
\begin{aligned}
&X_1 < \min X \text{ 且 } X_2 < \min X,\\
&X_1 > \max X \text{ 且 } X_2 > \max X;\\
&Y_1 < \min Y \text{ 且 } Y_2 < \min Y,\\
&Y_1 > \max Y \text{ 且 } Y_2 > \max Y
\end{aligned}
\right\}
\tag{2-21}
$$

则线段 a 不在窗口内，不需要作进一步的求交点处理，裁剪过程结束，否则转入下一步。

（2）若线段 a 满足：

$$\min X \leqslant X_1 \leqslant \max X \text{ 且 } \min Y \leqslant Y_1 \leqslant \max Y \tag{2-22}$$

则线段的起点在窗口内，新的起点坐标 (X,Y) 即为 (X_1,Y_1)；否则，按以下各步判断线段 a 与窗口的关系以及解算其新起点坐标 (X,Y)。

（3）若 $X_1 < \min X$，即起点 (X_1,Y_1) 位于窗口左边界的左边，则新的起点坐标为：

$$
\begin{cases}
x = \min X\\
y = y_1 + (\min X - x_1)(y_2 - y_2)/(x_2 - x_1)
\end{cases}
\tag{2-23}
$$

此时要作以下判断：

① 若 $\min Y \leqslant Y \leqslant \max Y$，则 (X,Y) 求解有效；即 (X,Y) 为新线段可见段的新起点坐标。

② 若起点 (X_1,Y_1) 位于 4 区，且 $Y < \min Y$ 或 $Y > \max Y$，则线段 a 与窗口无交点；

③ 若 $Y > \max Y$ 且 $Y_1 > \max Y$ 或者 $Y < \min Y$ 且 $Y_1 < \min Y$，则线段起点位于 1 或 7 区内，这时还有两种情况：

（a）当线段起点在 1 区且 $Y_2 > \max Y$ 或当起点在 7 区且 $Y < \min Y$ 时，线段与窗口没有交点；否则还需作如下判别：

（b）若 $Y_1 < \min Y$，则：

$$
\begin{cases}
x = x_1 + (\min Y - y_1)(x_2 - x_1)/(y_2 - y_1)\\
y = \min Y
\end{cases}
\tag{2-24}
$$

若 $Y_1 > \max Y$，则：

$$
\begin{cases}
x = x_1 + (\max Y - y_1)(x_2 - x_1)/(y_2 - y_1)\\
y = \max Y
\end{cases}
\tag{2-25}
$$

用（2-24）和（2-25）式求出的 X 若满足 $\min X \leqslant X \leqslant \max X$，则 (X,Y) 的求解有效，否则线段与窗口仍无交点。

（4）当 $X_1 > \max X$，即线段起点位于窗口右边界的右边，可仿照上述过程求出线段与右边界的交点。

（5）若起点 (X_1,Y_1) 位于 2 区时，求解线段与窗口边界的交点公式为（2-25），若在 8 区时，用（2-24）式计算。求解的 X 在满足 $\min X \leqslant X \leqslant \max X$ 时才有效，否则线段不在窗口内。

同理,将起点用终点代替可求解出线段在窗口内新的终点坐标。

2.5.3 多边形的裁剪

目前多边形裁剪的常用方法有逐边裁剪算法和边界裁剪算法。

边界裁剪算法思路是以窗口的有效边界段和处于窗口内的多边形部分组成新的裁剪后的多边形。逐边裁剪算法思路是把整个多边形先相对于窗口的第一条边界裁剪,然后再把形成的新多边形相对于窗口的第二条边界裁剪,如此进行到窗口的最后一条边界,从而把多边形相对于窗口的全部边界进行裁剪。

设有多边形和裁剪窗口的相对位置如图 2-10 所示,逐边裁剪算法的步骤为:

(1) 取多边形顶点 $P_i(i=1,2,\cdots,n)$,将其相对于窗口的第一条边界(有边界)进行判别,若点 P_i 位于边界的靠窗口一侧(可见侧),则把 P_i 记录到要输出的多边形顶点中,否则不记录。

如图 2-10(a) 中 P_1、P_4 点,不记录到要输出的多边形中。

(2) 求多边形与窗口有边界的交点

因为 P_1、P_2 位于窗口右边界的异侧,因此要求出该条边与窗口右边界的交点,记为 Q_1 作为新多边形的第一个顶点,同时把 P_2、P_3 作为新多边形的第二、第三个顶点,记为 Q_2 和 Q_3。P_3、P_4 也是位于窗口右边界的异侧,也要求交点,记为新多边形的另一顶点 Q_4,这样就得到了新多边形 $Q_1 Q_2 Q_3 Q_4$,如图 2-10(b) 所示。

(3) 新多边形相对于窗口其他边裁剪

得到新的多边形后,用新的多边形重复上述步骤(1)、(2),依次对窗口的下边界、左边界、上边界进行判别裁剪,不断获得新的图形,直至最后完成所有裁剪,获得裁剪的最后结果,如图 2-10(c)、2-10(d) 所示。

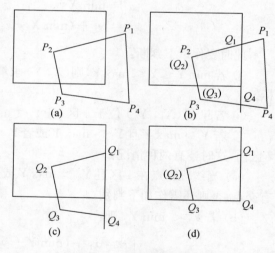

图 2-10 多边形的裁剪

2.5.4 圆弧和曲线的裁剪

圆弧和曲线都可以用一组短的直线段来逼近,因此,圆弧和曲线的裁剪可采取对每一条短直线段的裁剪来实现对圆弧和曲线的裁剪。

2.6 地图符号的自动绘制

地图符号的自动绘制是数字测图的重要内容。地图地物符号按其表现的图形几何特征可以分为三类,即点状符号、线状符号和面状符号。下面讨论这三类符号在计算机地图绘图中的基本算法。

2.6.1　点状符号的自动绘制

点状符号以定位点定位,在一定比例尺范围内,图上的大小是固定的,如各种测量控制点符号等。点状符合的绘制方法通常有程序法和符号库法。符号库法,其基本思路是将点状符号按照相应规定绘制好后,按照分类与编码存放在符号库中,需要绘制某一符号时,根据符号的分类代码在符号库中调取相应符号,并在指定位置绘制符号。程序法必须首先建立表示这些符号特征点信息的符号库,才能实现计算机的自动绘制。本节介绍程序法符号绘制的基本思路。

点状符号的形状和大小的确定依据是国家基本比例尺地图图式,对于大比例尺数字测图,应根据《1:500、1:1 000、1:2 000 地形图图式》规定,将图式上的点状符号进行科学的分类组织,以便能快速有效的检索与使用。

点状符号的特征点数据采集方法是将图式上的符号和说明符号放大一定倍数绘在毫米格网纸上,进行符号特征点的坐标采集,采集坐标时均以符号的定位点作为坐标原点。对于规则符号,可直接计算符号特征点的坐标;对于圆形符号,采集圆心坐标和半径;对于圆弧线,则采集圆心坐标、半径、起始角和终点角;对于涂实符号,则采集边界信息,并给出涂实信息。

下面以大比例尺测图中测量控制点的三角点符号为例,说明符号特征点的坐标采集方法:

由三角点点状符号(图 2-11)可知,该符号由定位点、等边三角形两部分组成,并且知道等边三角形的边长为 3 毫米。若将坐标采集时的坐标原点定在符号的定位点,则该符号各部分的特征点坐标和参数可以很方便地推出:

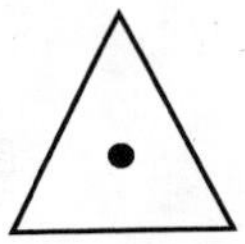

图 2-11　三角点点状符号

定位点坐标:(0,0)

三角形三顶点的坐标:(−1.5,−0.866)、(1.5,−0.866)、(0,1.732)

然后将该符号的分类代码和特征点的坐标与连接信息按信息块的结构存放在符号库中,以便计算机绘图时调用。实际应用时,根据符号的代码,可以在独立符号库中读取符号的信息数据,在指定的位置绘制点状符号。

2.6.2　线状符号的自动绘制

1) 基本线型绘制

在地图中经常要用各种线状符号来表示各种不同的地物。按其符号的复杂程度来分,可分为简单线状符号和复杂线状符号,但都是由一些基本线型的直线、曲线等部分组成。地图上用到的线型尽管很复杂,但归结起来主要有以下几种(图 2-12):

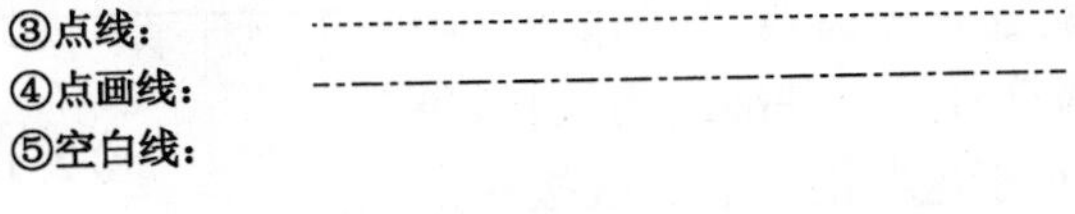

①实线:　————————————

②虚线:　— — — — — — — —

③点线:　.......................

④点画线:　—·—·—·—·—·—

⑤空白线:

图 2-12　基本线型

这些基本线型可以用以下绘图参数来表示:定位点个数 N 和定位点坐标 $(x_i,y_i)(i=1,2,\cdots,N)$,实步长 D_1,虚步长 D_2 和点步长 D_3。通过给定不同的步长值,即可设置不同的线型。例如当 $D_2=D_3=0$ 时,即为实线;当点步长 $D_3=0$ 时,即为虚线;当 $D_1=D_2=0$ 时,即为点线。

对于虚线,其绘制方法是:即 $D_3=0$,如图 2-13 所示,根据给定的步长 D_1 和 D_2,沿着定位线的路径和方向,分别计算其对应的两个端点坐标,然后连接实步长部分即可。

2)平行线绘制

平行线是由两条间距相等的直线段构成。很多线状地物符号都是由平行线作为基本边界,再加绘一定的内容而构成,如铁路、依比例围墙等,因而平行线是绘制很多线状地物符号的基础。

平行线的绘图参数为:定位线(母线)节点个数和定位节点坐标 $(x_i,y_i)(i=1,2,\cdots,N)$,平行线宽度 w,平行线的绘制方向,即在定位直线的左方还是右方绘制。如图 2-14 所示,假定在定位线左方绘制平行线,定位线的节点坐标为 (x_i,y_i),对应平行线的节点坐标设为 (x_i',y_i')。

图 2-13 虚线绘制

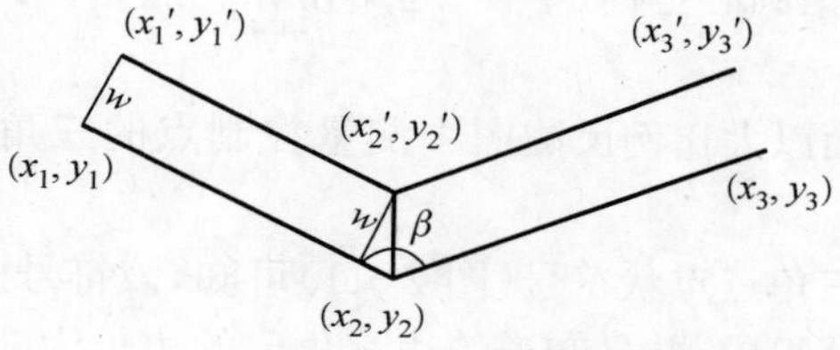

图 2-14 平行线绘制

其平行线的节点坐标可按下式计算:

$$\begin{cases} x_i'=x_i+l_i\cdot\cos(a_i\pm\beta_i/2)\\ y_i'=y_i+l_i\cdot\sin(a_i\pm\beta_i/2)\\ l_i=w/\sin(\beta_i/2) \end{cases} \tag{2-26}$$

式中,a_i 为第 i 条线段的倾角,β_i 为第 i 个节点的左夹角,a_i 的计算公式为:

$$a_i=\arctan[(y_{i+1}-y_i)/(x_{i+1}-x_i)] \tag{2-27}$$

这里需要注意的是,当 $i=1$ 和 $i=N$ 时,要令 β 值为 π,即 $\beta_1=\beta_n=\pi$,且当 $i=N$ 时,要令 $a_n=a_{n-1}$。

3)复杂线状符号的绘制

复杂的线状符号除了在每两个离散点之间有趋势性的直线、曲线等符号以外,有些线状符号中间还配置有其他的符号。如图 2-15 所示,围墙符号是平行线为基准,中间配以等分的间隔线;陡坎符号,除了定位中心线以外,还配置有短齿线,加固陡坎,中间再加短线和圆点;城墙符号是以基准线为依托,等间隔配置小矩形构成。对于这些沿中心轴线按一定

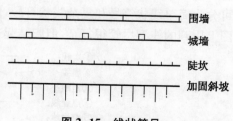

图 2-15 线状符号

规律进行配置的线状符号,可以用比较简单的数学表达式来描述。以陡坎符号为例,设 D_1 为相邻两齿间的距离,D_2 为齿长,基准线的各点坐标为 $(x_i, y_i)(i = 1, 2, \cdots, N)$,参照图 2-16,描述该符号基本轮廓的一组公式为:

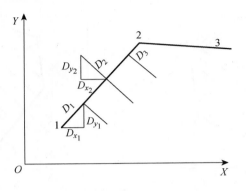

图 2-16　线状符号计算

$$\begin{cases} S = \sqrt{(x_{i+1} - x_i)^2 + (y_{i+1} - y_i)^2} \\ n = [S/D_1] \\ D_3 = S - D_1 \cdot n \\ \cos\alpha = (x_{i+1} - x_i)/S \\ \sin\alpha = (y_{i+1} - y_i)/S \\ D_{x_1} = D_1 \cdot \cos\alpha, \ D_{y_1} = D_1 \cdot \sin\alpha \\ D_{x_2} = -D_2 \cdot \sin\alpha, \ D_{y_2} = D_2 \cdot \cos\alpha \\ D_{x_3} = D_2 \cdot \sin\alpha, \ D_{y_3} = -D_2 \cdot \cos\alpha \end{cases} \tag{2-28}$$

式中,[ ] 表示取整符号,S 为两离散点之间的距离,n 表示两离散点间的齿数,D_3 为两离散点间不足一个齿距的剩余值,(D_{x_1}, D_{y_1}) 为第一点齿心的相对坐标,(D_{x_2}, D_{y_2})、(D_{x_3}, D_{y_3}) 为齿端对齿心的相对坐标,以后各点,依此类推。

当计算出齿心和齿端坐标以后,根据不同的线状符号特点,采用不同的连接方式就可产生围墙、铁路、城墙等线状符号。

2.6.3　面状符号的自动绘制

面状符号具有实际的二维特征,它以面定位。其定位线一般是一个封闭的区域。大比例尺图式规定,土质和植被符号一般按照整列式、散列式和相应式三种方法配置面积符号。面状符号自动绘制就是在一定轮廓区域内用填绘晕线或沿晕线上配置一系列的点状符号来表示。所以,在轮廓区域内填绘点状符号,其实质是首先用绘晕线的方法计算出点状符号的中心位置,然后再绘制点状符号。下面首先介绍在多边形轮廓线内绘制晕线的方法,然后讨论一般面状符号的自动绘制问题。

1) 多边形轮廓线内绘制晕线

如图 2-17 所示,多边形轮廓线内绘制晕线应有的参数为:轮廓点坐标 $(x_i, y_i)(i = 1,$

$2，\cdots，N$）、轮廓点个数 N、晕线间隔 D 以及晕线和 x 轴夹角 α。轮廓线内绘制晕线可按如下步骤进行：

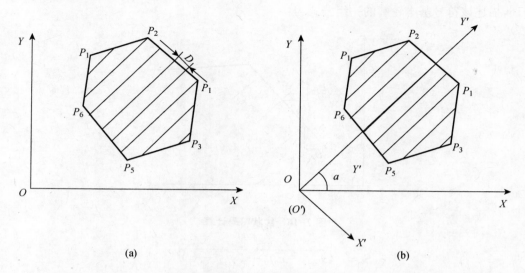

(a)   (b)

图 2-17　轮廓线内绘制晕线

（1）对轮廓点坐标进行旋转变换

为了处理简单起见，将原坐标系 XOY 顺时针旋转一个角度（$90°-\alpha$），使得新坐标系 $x'o'y'$ 的 y' 轴和晕线平行，其中 α 为晕线和 x 轴的夹角，各轮廓点在变换后新坐标系中的坐标，可按以下公式计算：

$$\begin{cases} x'_i = x_i \cdot \sin\alpha - y_i \cdot \cos\alpha \\ y'_i = y_i \cdot \sin\alpha + x_i \cdot \cos\alpha \end{cases} \tag{2-29}$$

式中，(x_i,y_i) 为轮廓点在原坐标系 XOY 中的坐标，(x'_i,y'_i) 为相应点在变换到新坐标系 $x'o'y'$ 中的坐标。

（2）求晕线条数

在新坐标系中找出轮廓点 x' 方向的最大坐标 $x'_{\max}$ 和最小坐标 $x'_{\min}$，则可求得晕线条数 M 为：

$$M = \left[(x'_{\max} - x'_{\min})/D\right] \tag{2-30}$$

当 $\left[(x'_{\max} - x'_{\min})/D\right] \cdot D = x'_{\max} - x'_{\min}$ 时，晕线条数应为 $M-1$。把整个轮廓区域内的晕线按从左到右的次序从小到大顺序进行编号，第一条晕线编号为1，最后一条晕线编号为晕线条数 M。

（3）求晕线和轮廓边的交点

在变换后的新坐标系中，对编号为 j 的晕线，则

$$x'_j = x'_{\min} + D \cdot j \tag{2-31}$$

式中，$j=1，2，\cdots，M$。对于第 j 条晕线是否通过轮廓线的第 i 条边，可以简单地用该条边两端点的 x' 坐标来判别，即当 $(x'_i - x'_j) \cdot (x'_{i+1} - x'_j) \leqslant 0$ 成立，就说明第 j 条晕线与第 i 条

轮廓边有交点。晕线和轮廓边的交点可按下式计算：

$$\begin{cases} x'_{J(i,j)} = x'_{\min} + D \cdot j \\ y'_{J(i,j)} = (y'_i \cdot x'_{i+1} - y'_{i+1} \cdot x'_i)/(x'_{i+1} - x'_i) + (y'_{i+1} - y'_i) \cdot x'_{J(i,j)}/(x'_{i+1} - x'_i) \end{cases}$$

$$(2-32)$$

式中，$x'_{J(i,j)}$ 和 $y'_{J(i,j)}$ 为第 j 条晕线和第 i 条轮廓边的交点坐标，(x'_i, y'_i) 和 (x'_{i+1}, y'_{i+1}) 为第 i 条轮廓边的端点坐标。

一般来说，每条晕线与轮廓边的交点总是成对出现的。但是当晕线正好通过某一轮廓点时，就会在该点处计算出两个相同的点，这有可能引起交点匹配失误。为了避免这种情况出现，在保证精度的情况下，将轮廓点的 x'_i 加上一个微小量（0.01），即当 $x'_i = x'_j$ 时，令 $x'_i = x'_i + 0.01$。

（4）交点排序和配对

在逐边计算出晕线和轮廓边的交点后，需对同一条晕线上的交点按 y' 值从小到大排序，排序后两两配对，以便确定每条晕线的起点和终点。

（5）晕线输出

交点排序和配对完成后，即可进行晕线输出。在输出晕线之前，需要把晕线交点坐标先变换到原坐标系 XOY 中。

2）面状符号的绘制

面状符号绘制时，其绘图参数有：轮廓边界点个数 N，轮廓边界点坐标 $(x_i, y_i)(i = 1, 2, \cdots, N)$，符号轴线间的间隔 D 以及轴线和 X 轴的夹角 α，每一排轴线上符号的间隔 d，如图 2-18 所示。

面状符号的自动绘制步骤描述如下：

（1）确定符号注记轴线

按照符号列轴线间的间隔 D 以及轴线和 X 轴的夹角 α 计算出面状符号的轴线。

（2）计算面状符号的中心位置

计算轴线（即晕线）长度，根据轴线长度和轴线上符号的间隔 d，按均匀分布的原则计算注记符号的中心位置。

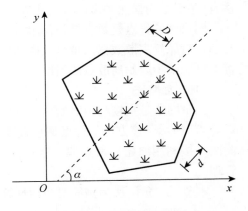

图 2-18　面状符号绘制

（3）填绘面状符号

根据面状符号代码，在符号库中读取表示该符号的图形数据，在相应的符号中心位置上绘制面状符号。

2.7　等高线自动绘制

2.7.1　计算机绘制等高线方法

地形图上等高线是相邻的相同高程点依实地形状连接的光滑曲线。数字测图外业碎部测量时,地貌特征点是离散的,一般都是不规则分布。如图 2-19 所示,这些地貌点按照坐标展绘平面图,并注记有高程数据。如何用计算机自动绘制该局部的等高线呢?其基本思路是利用地貌特征点数据(x、y、h)建立数字高程模型,然后在该模型上再追踪相应的等高线,所以,计算机绘制等高线的主要任务是建立区域的数字高程模型。通常根据建立数字高程模型的方法不同,等高线绘制方法有网格法和三角网法。

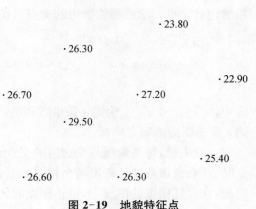

图 2-19 地貌特征点

1) 网格法

网格法需要先将离散点网格化,即计算出网格化点的高程,然后在网格上追踪等高线。离散点网格化的过程实际上是一个建立方格网数字高程模型,如图 2-20 所示。

离散点网格化的方法可分为两大类:一类是曲面拟合法,这种方法是用简单的数学曲面来近似地逼近复杂的地表面,通过拟合处理后的曲面将使原始离散点的高程值发生改变而取得平滑的效果。通常可以采用如傅里叶级数、高次多项式等连续三维函数来模拟局部地形表面,内插格网的高程。另一类是插值法,这种方法不改变原始离散数据点的值,而是根据原始离散点的高程来插补空白网格点的高程。该方法通常采用距离加权法、多项式内插法、样条函数内插法和多面函数法等。

网格法的优点是数据结构简单,便于管理;有利于地形分析等。但是,由于网格点高程是通过对原始离散数据点拟合或内插后计算得到的,无论采用哪种算法,网格点的高程精度都不可能高于原始离散点的精度。

2) 三角网法

三角网法是直接利用原始离散点建立数字高程模型,然后在三角网格上追踪等高线,如图 2-21 所示。该方法的优点是它直接利用原始数据构网,精度高,因此对于大比例尺数字测图直接利用原始离散点建立数字高程模型是比较合适的;但数据结构复杂,不便于规范管理。

本节以三角网法为例简要介绍计算机自动绘制等高线的过程。

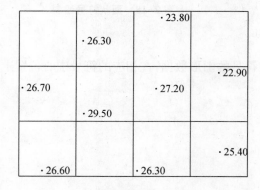

图 2-20 网格化

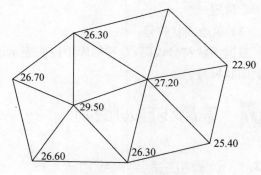

图 2-21 三角网

2.7.2 三角网法绘制等高线

三角网法绘制等高线的基本步骤包括建立数字高程模型、等高线点位置确定、高程相同等高线点的追踪、等高线光滑输出和高程注记。

1）建立数字高程模型

要直接利用原始离散点建立数字高程模型，必须解决以下几个基本问题：

- 地性线、特殊地貌和禁区的处理
- 三角网构网的算法
- 三角网数字高程模型的点、线、面结构数据信息的存贮结构

（1）地性线、特殊地貌和禁区的处理

测绘等高线时，必须沿山脊、山谷和陡坎边线打点，这些都是重要的地性线。插绘等高线时，要以这些线为基础进行插绘。禁区即等高线不可进入的地物禁区和特殊地貌区域，如江河、湖泊及陡坎、斜坡、陡崖等。在构成三角网数字高程模型时，若只考虑几何条件构网，若不考虑这些线的信息，可能出现三角形与断裂线相交，这必然引起数字高程模型的失真。如在山脊线处可出现三角形穿入地下；在山谷线处可能出现三角形悬空；另外，也可能在某些地方出现三角形的边跨越断裂线的情况。这时，三角网数字高程模型便不能真实地反映实际地形的变化，由其绘制的等高线必然是错误的。

实际构网可以引入控制边与禁区的方法解决这类问题。当某两点存在必然的邻接关系时，则连接这两点而成的边就称为三角网的控制边。如某条地性线上两相邻点连接而成的边，即是控制边。一旦定为控制边，它就控制着整个三角网数字高程模型覆盖地区的地形走向。若给这类地物的边界或特殊地貌禁区在构网时给以特定的标志，那么当等高线追踪到这些边上时就不再往前追踪，这就保证了等高线不会进入这些区域。

（2）三角网构网

三角网构网的基本要求是满足三角网为相互邻接且互不重叠的三角形的集合，每一个三角形的外接圆内不包含其他点。

基于控制边的构网算法，就可以很容易地在构网时引入地性线和地物禁区，且使得程序设计更为简单。其基本思路如下：如图 2-22 所示，已知某一控制边 AB，设其为扩展三角形的基边，现以 AB 方向左侧点构网为例。为了获得符合实地情况的三角网，可依据余弦定理来判断，C 角值最大者则是要扩展的三角形点。如图2-22，C_1 的角值大于 C_2，所以，$AB1$ 先构成三角形，这样可以保证由邻近的三点构成三角形，以符合实地形状。确定第一个三角形后，再以这个新三角形的两边为基边向外扩展三角形，直至完成构网。

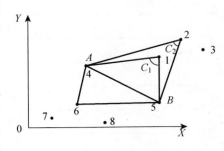

图 2-22　三角形构成

所以，这种基于边的构网算法可以分为三大步：

第一步，将构网区内的所有控制边相连，形成禁区和地性线；

第二步，以所有控制边为基边向外扩展三角形；

第三步，依次以已形成的三角形的边作为基边向外扩展三角形，直到所有的三角形都不

能向外扩展为止。

（3）三角网数字高程模型的点、线、面存贮结构

三角网构成的过程中，同时要解决三角网构网数据信息的存储问题，以便于后面等高线位置确定与追踪。这主要涉及碎部点（三角形顶点）、三角形边和三角形编号等信息，较好的解决办法是建立点、线、面存贮结构的三个表（文件），分别用来记录组成三角形的顶点号、边号、三角形号与邻接关系，其记录格式可为表2-1所示。

表2-1

点记录	点号 X Y Z
边记录	边号　起点　终点　左面　右面
三角形记录	三角形号　边1　边2　边3

通过索引指针在三个表之间建立相互联系，实现点、线、面之间的互访。图2-23构成的三角形网，其相应的三角形、边的存贮结构分别如表2-2和表2-3所示。由某一个三角形（面），可以检索出构成该三角形的三条边（线），从而又可检索出该三角形的三个顶点（点）。另外，由某条边，又可以很方便地检索出共用该边的两个三角形。这种关系结构，在追踪等高线时是非常有用的。

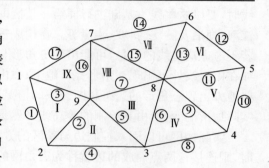

图2-23　点、线、面数据结构

表2-2　三角形构成信息

三角形号	边　　号		
1	1	2	3
2	2	4	5
3	5	6	7
4	6	8	9
5	9	10	11
6	11	12	13
7	13	14	15
8	7	15	16
9	3	16	17

2）等高线自动绘制

等高线自动绘制的主要内容包括三角形边上某一高程的等值点平面位置的确定、等值点的追踪和等高线的输出、高程注记等。

表 2-3　三角形边、点构成信息

边号	起点	终点	左面	右面
1	1	2	1	−1
2	2	9	1	2
3	1	9	9	1
4	2	3	2	−1
5	3	9	2	3
6	3	8	3	4
7	8	9	3	8
8	3	4	4	−1
9	4	8	4	5
10	4	8	5	−1
11	5	8	5	6
12	5	6	6	−1
13	6	8	6	7
14	6	7	7	−1
15	7	8	7	8
16	7	9	8	9
17	1	7	−1	9

（1）三角形边上等值点平面位置的确定

在三角网构网完成后，需要确定某一高程的等高线是否通过某一边，然后确定其通过的位置（X，Y）。

设某边上有高程值为 H_M 的等高线通过，那么只有当 H_M 介于该边的两个端点高程值之间时，等高线才通过该三角形边，如图 2-24 所示，则其判别条件为：

$$\Delta H = (H_M - H_1) \cdot (H_M - H_2) \quad (2-33)$$

当 $\Delta H < 0$ 时，则该三角形边上有该等高线通过；否则，说明该边上没有该等高线通过。式中 H_1 和 H_2 分别为三角形该边上的两个端点的高程。

当判别式 $\Delta H = 0$ 时，说明等高线正好通过三角形边的端点（起点或终点），为了便于处理，在精度允许范围内将端点的高程值加上一个微小值（如 0.000 1 m），使其值不等于 H_M。

当确定了某条边上有等高线通过后，即可由下式来求取该边上等值点的平面位置：

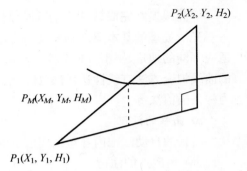

图 2-24　等值点平面位置的确定

$$X_M = X_{Z1} + (X_{Z2} - X_{Z1}) \cdot (H_M - H_1)/(H_2 - H_1) \qquad (2\text{-}34)$$
$$Y_M = Y_{Z1} + (Y_{Z2} - Y_{Z1}) \cdot (H_M - H_1)/(H_2 - H_1)$$

式中，(X_{Z1}, Y_{Z1}, H_1) 和 (X_{Z2}, Y_{Z2}, H_2) 分别为三角形边两端点的三维坐标，(X_M, Y_M, H_M) 为等值点的三维坐标。

（2）等值点的追踪和等高线输出

确定等值点的平面位置后，就可以对相同高程点进行等值点的追踪。一般有两种情况：一种是闭曲线，如图 2-25 中的 L_1 所示；另一种是开曲线，如图2-25中的 L_2 所示。

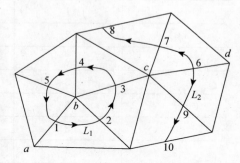

图 2-25　等值点追踪

等值点的追踪思路为：首先确定本区域中高程的取值范围（最大与最小高程），根据选定的等高距 h，确定起始追踪高程，如设定当前追踪的等高线高程 H_i。从三角网数字高程模型的第一条边开始顺序扫描，判断扫描边上是否有该高程值的等高线通过，若有，则将该边作为起边追踪。

如果是闭曲线其追踪过程如图 2-25 所示，扫描过程中发现边 ab 上有等高线通过，则将其作为起边并追踪出 1 号等值点，依次向下追踪出 2、3、4、5 号等值点后，又追回到边 ab 上，这即为一闭曲线追踪完毕。

若为开曲线，其追踪过程如图 2-25 所示，扫描过程中发现 cd 边上有等高线通过，则将其作为起边并追踪出 6 号等值点，依次向下追踪出 7、8 点而到达边界，这说明当前追踪的为一开曲线，再回到起边 cd 向相反的方向追踪出 9、10 号点又到达边界，则整条开曲线追踪完成。这时还需要对后半链追踪出的点进行逆排序，即按 10、9、6、7、8 的顺序排列后半链等值点，从而合并而成为一条完整的开曲线。

对追踪出的等值点坐标，可按一定的数据结构组织存放，以便于后续的等高线光滑与输出。

等高线追踪完成后，即可进行绘制与光滑输出。

光滑处理的基本原理是曲线拟合，选择不同的拟合算法，将得到不同的平滑结果。为了适应不同的地形，平滑处理程序可以包含不同的拟合算法，以得到最接近实际的结果。常用的曲线拟合方法有线性迭代法（抹角法），分段三次多项式拟合、二次多项式加权平均法和张力样条插值法等。

3）高程的注记

高程的自动注记内容包括离散点的注记和计曲线的注记。

（1）离散点的注记

对离散点的注记，一般有自动与手工两种方法：

自动选取注记点的基本思想是将整个绘图区按照注记的密度要求分成若干个相等的方格，每一方格中只能选取一个注记点，这个注记点要尽量接近方格的中心面又不至于注记字符压盖地物。采用这种方法，能够保证注记比较均匀，但是不能保证注记点具有代表性，有可能漏掉某种特征点的注记（如山顶点、谷底点等）。

手工注记时输入具有代表性的特征点的点号，根据给定点号来注记高程数字。在实际处理中，可以采用两种相结合的方法，对于那些必须要注记的特征点，首先输入其点号，以保证优先注记这些点，对普通地物点则采用第一种方法，均匀自动选取注记位置。

（2）计曲线的自动注记

按照图式规范要求，计曲线要加粗并注记出它的高程值，而且要保证注记的字头朝向高处。完成计曲线的自动注记步骤如下：

① 计曲线的判断

如果要求每隔 4 根进行加粗注记，那么对计曲线的判断可按下式进行的：

$$\Delta = [(H/(5 \cdot \Delta H))] \cdot (5 \cdot \Delta H) - H \tag{2-35}$$

其中，ΔH 为等高距，$[\quad]$ 为取整符号。若 $\Delta = 0$，则高程值为 H 的等高线即为计曲线。

例如，当 $\Delta H = 1$，$H = 15$ 时，代入（2-35）得：$\Delta = 0$，所以该曲线为应加粗并注记高程的计曲线。

② 注记位置的确定

对于加粗等高线上合适注记位置的寻找，是基于当等高线上某一段曲线的曲率较小，而长度又能满足写字要求时则认为在一段曲线适合注记。

③ 注记字头朝向高处

为了满足注记字头朝向高处，就要知道等高线前进方向的高低面。如图 2-26 所示，在 $\triangle P_1 P_2 P_3$ 中，等高线的追踪顺序是由 $P_1 P_2$ 边到 $P_1 P_3$ 边，则等高线的走向是由 1→2，通过比较 P_1、P_2、P_2 点的高程值就可以确定出等高线前进方向的高低面。

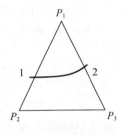

图 2-26　高低面判断

2.8　图形绘制实现方法

2.8.1　图形设备接口介绍

计算机绘图实现方法是利用计算机和绘图设备，通过算法设计、编程或图形交互软件，在图形显示与绘制设备上实现图形的显示及绘图输出。现在，在 Windows 操作系统下，绝大多数具备图形界面的应用程序都离不开 GDI（Graphics Device Interface），利用 GDI 所提供的众多函数就可以方便地在屏幕、打印机及其他输出设备上实现输出图形文本等操作。GDI＋（Graphics Device Interface Plus 图形设备接口加）是 GDI 的扩展，是 Windows 操作系统的子系统，也是 .NET 框架的重要组成部分，负责在屏幕和打印机上绘制图形图像和显示信息。

GDI＋主要提供了二维矢量图形、图像处理及文字显示版式三大功能。GDI＋的组成包括 GDI＋API，其包含 54 个类、12 个函数、6 类（226 个）图像常量、55 种枚举和 19 种结构。GDI＋API 54 个类中，核心类是 Graphics，它是实际绘制直线、曲线、图形、图像和文本的类。许多其他 GDI＋类是与 Graphics 类一起使用的。例如，DrawLine 方法接收 Pen 对象，该对象中存有所要绘制的线条的属性（颜色、宽度、虚线线型等）。

2.8.2 基于 VS. NET 的图形绘制方法

Visual Studio. NET 是当前最流行的、基于. NET 框架的 Windows 系统平台应用程序的集成开发环境,它包括 Visual Basic. NET、Visual C++. NET、Visual C♯. NET、Visual J♯. NET 等组件,全都采用相同的集成开发环境。在 Visual C♯. NET 中,提供了对 GDI+基本图形功能的访问,使用 GDI+处理二维(2D)的图形和图像,使用 Direct X 处理三维(3D)的图形图像,图形图像处理用到的主要命名空间是 System. Drawing,主要有 Graphics 类、Bitmap 类、从 Brush 类继承的类、Font 类、Icon 类、Image 类、Pen 类、Color 类等。本节介绍基于 Visual C♯. NET 的图形绘制的基本概念与过程。

1) 基本概念

利用 Visual C♯. NET 绘制图形,先要了解画布(画板)、画笔、画刷、颜色等基本概念。

(1) 画布创建

在 GDI+中,绘图表面(画布)可以是窗体、控件、打印机、预览或图像,实际编程时,C♯中画布可以通过 Graphics 这个类来创建,其方法有如下三种:

① 在窗体或控件的 Paint 事件中直接引用 Graphics 对象,其代码如下:

```
Private void Form1_Paint(object sender, PaintEventArgs e)
{
Graphics g=e. Graphics;//创建画板,这里的画板是由 Form 提供的
}
```

该方法是假设当前过程是绘制窗体的 onPaint 方法,则可以直接从该方法的参数 e 中获得 Graphics 对象。

② 利用窗体或某个控件的 CreateGraphics 方法,其代码如下:

```
private void button1_Click(object sender, EventArgs e)
{
Graphics g=pictureBox1. CreateGraphics();
}
```

该方法是假设当前过程是绘制窗体是 pictureBox1 控件,通过调用 CreateGraphics 方法来创建 Graphics 对象。

③ 从继承自图像的任何对象创建 Graphics 对象,其代码如下:

```
private void Form1_Load(object sender, EventArgs e)
{
Bitmap mbt=new Bitmap(@"D:\MY. bmp");
Graphics g=Graphics. FromImage(mbt);
}
```

该方法在需要更改已存在的图像(如 D:\MY. bmp)时十分有用。

(2) 画笔创建

在 C♯中采用 pen 类定义画笔,例如,创建一个 pen 对象,其颜色为蓝色,宽度为 3 的画笔,其代码如下:

```
Pen MyPen=new Pen(System. Drawing. Color. DarkBlue, 3);
MyPen. DashStyle=System. Drawing. Drawing2D. DashStyle. Solid;
```

所有的 pen 对象都有一个 DashStyle 属性,其决定该画笔画出的线条的式样。

(3) 画刷创建

画刷的创建与画笔类似,它描述的是填充方式,例如定义一个红色的纯色的画刷代码为:

SolidBrush MyBrush＝new SolidBrush(System. Drawing. Color. Red);

(4) 系统颜色

在创建画笔时,可以自定义颜色,也可以定义成系统颜色。系统颜色由 Windows 定义,如 SystemColors. Desktop、SystemColors. Menu、SystemColors. ButtonFace 等,编程人员可以按照一般习惯选用,以达到最佳的视觉效果。

2) Visual C♯. NET 编程绘图步骤

本节以 Visual Studio 2010 平台为开发环境,介绍 Visual C♯. NET 编程开发一个简单绘图模块的过程,其具体步骤如下:

① 新建项目

启动 Visual Studio 2010 平台,点击新建项目,进入新建项目对话框,如图 2-27 所示,在左侧选择 Visual C♯ 选项,在中间栏的程序类型选择 Windows 窗体应用程序,在对话框下面填写项目名称、位置及解决方案名称,然后点击"确定"按钮。

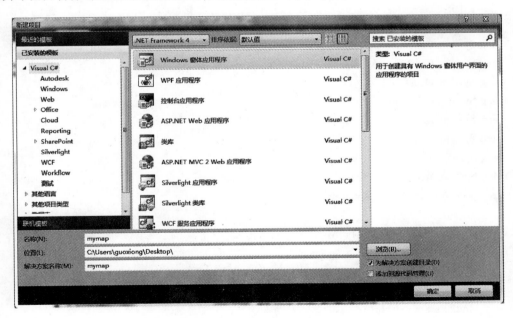

图 2-27 新建项目对话框

② 绘图界面设计

如图 2-28 所示,在窗体上添加一个 pictureBox1 图片框和两个命令按钮。pictureBox1 图片框绘制图形,"确定"按钮执行绘图命令。"退出"按钮执行退出绘图状态,将 Form1 的 TEXT 属性设置为"基本图形绘制"。

③ 程序界面设计完成后,点击 Form1,在 Form1 类的代码框架中添加以下代码:

using System;

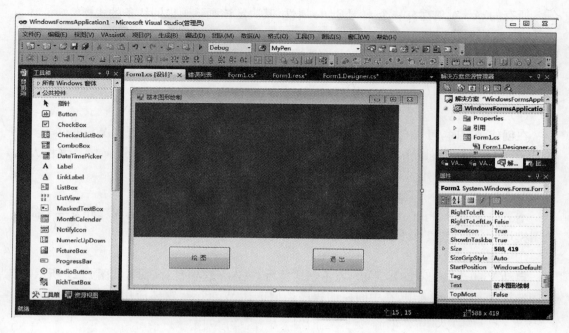

图 2-28　界面设计

```
using System. Collections. Generic;
using System. ComponentModel;
using System. Data;
using System. Drawing;
using System. Linq;
using System. Text;
using System. Threading. Tasks;
using System. Windows. Forms;
namespace WindowsFormsApplication1
{
    public partial class Form1：Form
    {
        public Form1()
        {
            InitializeComponent();
        }
        private void button1_Click(object sender，EventArgs e)
        {
            Graphics MyGrahpics=pictureBox1. CreateGraphics();//定义画布
            //清除屏幕背景
            MyGrahpics. Clear(this. BackColor);
            // Graphics g=pictureBox1. CreateGraphics();
            //创建画笔
```

Pen MyPen1＝new Pen(System. Drawing. Color. DarkBlue，2)；//设置笔的粗细为2,颜色为深蓝色。

Pen MyPen2＝new Pen(System. Drawing. Color. Red，3)；//设置笔的粗细为3,颜色为红色。

MyPen1. DashStyle＝System. Drawing. Drawing2D. DashStyle. Solid；

//创建画刷

SolidBrush MyBrush＝new SolidBrush(System. Drawing. Color. Red)；

//创建字体

Font objMyFont；objMyFont＝new System. Drawing. Font("黑体",16,FontStyle. Bold|Font-Style. Bold)；

//绘一条直线

MyGrahpics. DrawLine(MyPen1，70,60，430，60)；

//画虚线

MyPen2. DashStyle＝System. Drawing. Drawing2D. DashStyle. Dot；//定义虚线的样式为点

MyGrahpics. DrawLine(MyPen2，70，100，430，100)；

//SystemColors. ButtonFace　//定义系统颜色(按钮表面色)

//自定义虚线

MyPen2. DashPattern＝new float[　]{5，1}；//设置短划线和空白部分的数组

MyGrahpics. DrawLine(MyPen2，70,80，430，80)；

//绘一个矩形

MyGrahpics. DrawRectangle(MyPen1，100，120，80，60)；

//绘一个扇形

// MyGrahpics. DrawPie(MyPen1，350，120，80，80，90，100)；

//填充矩形

MyGrahpics. FillRectangle(MyBrush，100，200，80，60)；

//绘制圆

MyGrahpics. DrawEllipse(MyPen1，220，120，60，60)；

//绘制椭圆

MyGrahpics. FillEllipse(MyBrush，320，120，85，60)；

//绘多边形

// MyGrahpics. DrawPolygon(MyPen1，PointArray. ToArray())；

//绘制文字

MyGrahpics. DrawString("欢迎加入C#绘图世界!"，objMyFont，MyBrush，70，20)；

Point[　] points＝new Point[　]{

new Point(250，260)，new Point(330，260)，new Point(290，200)}；

MyGrahpics. DrawPolygon(MyPen1，points)；//绘制一个顶点3个点多边形

MyGrahpics. DrawEllipse(MyPen1，270，218，40，40)；　//绘制圆

MyGrahpics. DrawLine(MyPen1，290，237，293，237)；　//画圆心

MyGrahpics. DrawLine(MyPen1，340，237，423，237)；　//分数线

MyGrahpics. DrawString("GPS-001"，objMyFont，MyBrush，340，215)；

MyGrahpics. DrawString("136. 886"，objMyFont，MyBrush，340，237)；

//销毁对象

MyGrahpics. Dispose()；

MyPen1. Dispose()；

MyBrush. Dispose()；

```
    objMyFont. Dispose();
    }
    private void button2_Click(object sender, EventArgs e)
    {
        this. Close();
    }
    private void Form1_Load(object sender, EventArgs e)
    {
    }
    }
}
```

④ 调试运行

程序代码编辑完成后,按 F5 或点击调试菜单进行调试,直至消除所有错误,最后生成解决方案(即生成 EXE 可执行文件)。

⑤ 图形生成

执行生成的 EXE 文件,即可生成图形,如图 2-29 所示,该模块绘制出矩形、圆、椭圆及其填充图形,绘制出 GPS 控制点符号及注记,能绘制实线、虚线、点线三种基本线型。

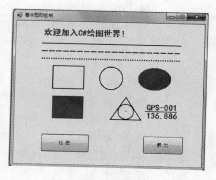

图 2-29 基本图形生成

本节只介绍了图形生成的基本方法,但还有很多高级绘图技术问题没有涉及,如图形编辑、数据结构、图形保存等,这些问题都要在专业绘图软件中解决。

思考题与习题

1. 何谓计算机地图制图?
2. 表示地图图形的数据格式有哪些?
3. 数字测图时有哪几种坐标系?怎样实现测量坐标系到计算机屏幕坐标系的转换?
4. 图形裁剪的常用方法有哪几种?
5. 线段矢量法裁剪的实质是什么?
6. 绘制直线的算法有哪几种?
7. 简述用 Bresenham 算法绘制圆的基本原理和步骤。
8. 常用绘制圆和圆弧的函数有哪几种?
9. 举例说明点状符号绘制的步骤。
10. 举例说明线状符号绘制的步骤。
11. 多边形轮廓线内绘制晕线主要步骤有哪些?
12. 三角网绘制等高线的主要步骤有哪些?
13. 试编程实现三角网法绘制等高线。
14. 简述图形生成的基本方法与步骤。

3　数据采集与处理

数据采集是数字测图的重要环节,本章介绍数据采集的内容、要求,全站仪、RTK 外业数据采集方法,碎部点测算方法,地形图要素信息编码,图形信息的组织与处理等内容。

3.1　数据采集的内容与要求

3.1.1　数据采集的内容

地形数据采集工作是数字测图的重要环节,它是在完成测区控制测量(含图根控制)后的工序,本节主要介绍野外数据采集的内容。那么野外数据采集要包括哪些内容呢? 传统地形图测量时,首先要测定地物、地形特征点的坐标与高程,然后手工展点,再根据点位之间的连接关系、属性等信息,连接图形、配置符号,最后整饰出图。现在数字测图时,同样也要告诉计算机地形点的坐标、高程、连接信息及配置什么样的符号,它才能绘出符合标准的图形来。所以,数字测图中采集的数据必须具有以下 3 类信息:

① 地形点的定位信息

确定地形特征点的平面坐标与高程(X, Y, H),如点状要素的点位中心坐标与高程,线状要素的定位线(点)的坐标与高程。

② 地形点的属性信息

即确定该点是什么性质的点? 有什么特征等;例如是房屋角点还是道路拐点等。

③ 点之间的连接信息

要确定该点是独立点还是与哪些点连接构成图形,这是绘制图形的基础信息。

定位信息是用测量仪器在野外作业中获得的,如用全站仪在控制点上直接测量地形点,即可得到该点的坐标与高程。属性信息是人为判断获取并用相应的地形编码与文字表示的,一般是现场记录进行。连接信息也是人为判断获取并用相应的地形编码或连接线型表示的。

3.1.2　数据采集要求

1) 作业组织与准备

按照现行规范规定,外业数据采集一般以所测区域为单位统一组织,按测区内容自然带状地物(街道、河流等)为界线分成若干相对独立的分区。各分区的数据组织、数据处理和作业应相对独立,数据采集和处理时不存在矛盾,避免造成数据重叠或漏测,同时建立测区图幅信息,包括图幅号、图廓点坐标范围、测图比例尺等。

2) 测量精度要求

① 采集与图根控制测量同时进行时,碎部点坐标应以平差后的控制点坐标重新计算。

② 数据采集时,水平角、垂直角读数记至度盘最小分划,觇标高量至厘米,测距读数记至毫米,归零检查和垂直角指标差不大于 $1'$。

③ 全站仪设置及测站定向检查要求

a) 全站仪对中偏差不大于 5 mm。

b) 以较远测站点(或控制点)定向,另一测站点作为检核,检核点平面位置误差不应大于图上 $0.2×M×10^{-3}$(m),M 为测图比例尺。

c) 应检查另一测站高程,且其较差不应大于 1/6 倍基本等高距。

d) 测站数据采集结束时,应重新检测标定方向,若误差超限,其检测前观测数据应重新计算,并应检测不少于 2 个碎部点。

④ GPS-RTK 碎部点测量

平面坐标转换残差不大于图上 $±0.1$ mm,碎部点高程拟合残差不大于 1/10 等高距。RTK 碎部点测量时,观测历元数应大于 5 个,连续采集一组地形碎部点数据超过 50 点时,应重新进行初始化,并检核一个重合点。当坐标较差不大于图上 0.2 mm 时(城市测量规范 CJJ/T 8—2011),可继续测量。

3) 碎部点观测记录要求

全站仪数据采集应生成碎部点观测数据文件与碎部点坐标文件,碎部点观测文件记录包括测站点号、定向点号、仪器高、观测点号、编码、觇标高、斜距、垂直角、水平角、连接点、连接类型等。碎部点坐标文件包括测站点信息、定向点信息、观测点号、坐标、编码、觇标高等信息。

RTK 碎部点测量直接生成坐标文件。

数据采集时采用的地形要素分类与编码按 GB/13923—2006 的规定执行。

4) 数据采集取舍要求

① 点状要素

能按比例表示的点状要素(独立地物)按实际形状采集特征点,不能按比例表示的精确测定其定位点或定线点。有方向的点状要素(独立地物)先采集定位点,再采集定向点(线)的数据。

② 线状要素

线状地物采集时,应视其变化测定拐弯点,曲线地物适当增加采集密度,保证曲线的准确拟合。具有多种属性的线状要素(如面状地物公共边等)只采集一次,但要处理好多种属性之间的关系。

③ 地貌要素

地貌一般用等高线表示,山顶、鞍部、凹地、山脊、谷底及倾斜变换处要测注高程。独立石、梯田坎等要测注比高,斜坡、陡坎较密时,可以适当取舍。

④ 碎部点密度、测距长度要求

具体要求参见表 1-9。

⑤ 草图绘制要求

采用数字测记模式时,一般均应草图绘制。草图要标注测点号,应与数据文件中的测点号完全一致。草图上,各要素间的位置关系应正确、清晰,各种地物地貌名称、属性等信息应正确、齐全。

3.2 外业数据采集

目前地形图测绘数据采集的方式分为全野外测量法、航测法和原图数字化法。本节介绍全野外测量法采集数据的全站仪法和 GPS-RTK 法的作业过程。

3.2.1 全站仪数据采集

全站仪数据采集方式是以测区控制点为测站，以极坐标测量原理测定碎部点并形成相应的数据文件，然后将数据传输到计算机中，以便进行数据处理、图形编辑。该采集方式的突出优点是：自动化程度高、精度高；测量效率高；且不需手工计算坐标，直接输出定位信息。但有时受控制点密度、测程及通视条件的影响，无法直接测定隐蔽点的坐标与高程。

3.2.1.1 NTS-342R5A 全站仪构造

NTS-342R5A 全站仪是广州南方测绘仪器有限公司开发的新产品，它功能丰富、触摸屏操作快速简单、具有丰富的接口，支持 SD 存储卡、优盘、USB 与电脑进行连接。可通过蓝牙与PDA 进行连接完成测量。在具备常用的基本测量模式（角度测量、距离测量、坐标测量）之外，还具有包括道路软件在内的各种测量程序，计算程序，可满足各种专业测量的要求。适用于各种专业测量和工程测量。仪器的主要部件结构如图 3-1 所示，主要技术指标如表 3-1 所示。

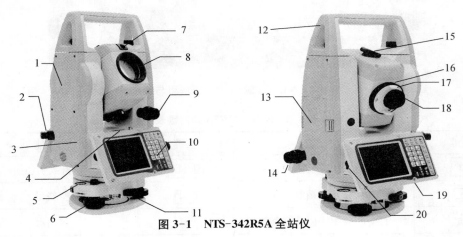

图 3-1　NTS-342R5A 全站仪

1—仪器垂直度盘中心标志；2—光学对中器；3—接口；4—管水准器；5—圆水准器；6—脚螺旋；7—影像；8—物镜；9—垂直制微动螺旋；10—键盘；11—基座锁定钮；12—提手；13—电池；14—水平制微动螺旋；15—粗瞄器；16—望远镜调焦螺旋；17—望远镜把手；18—目镜；19—温度气压传感器；20—串行接口

表 3-1　NTS-342R5A 全站仪主要技术指标

名称	指标	名称	指标
放大倍率	30×	单棱镜	3.5 km
有效孔径望远	45 mm	反射片	1 km
视场角	1°30′	无反射镜	500 m
最短视距	1.5 m	长水准器	30″/2 mm

续　表

名称	指标	名称	指标
测角方式	绝对编码	圆水准器	$8'/2$ mm
测角精度	$2''$	工作电压	7.4V
补偿系统	双轴($\pm6'$)	环境温度	$-20°\sim+50$ ℃
数据传输	RS-232C/USB/蓝牙		

全站仪操作界面如图 3-2 所示,面板上有显示屏和 30 个按键,各键的功能如表 3-2 所示。

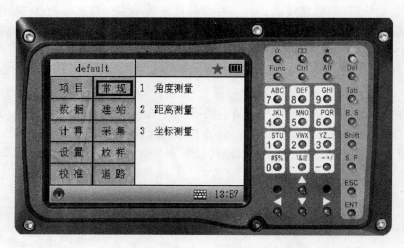

图 3-2　NTS-342R5A 全站仪屏幕与键盘

表 3-2　NTS-342R5A 功能键表

按键	功　能	按键	功　能
α	字符大小写输入切换	Shift	字符、数字切换
⊡	打开软键盘	S.P	空格键
★	打开和关闭快捷功能菜单	ESC	退出键
⏻	电源开关	ENT	确认键
Func	功能键	0—9	输入数字和字母
Ctrl	控制键	—	输入负号或者其他字母
Alt	替换键	.	输入小数点
Del	删除键	Tab	焦点切换
▲▼◀▶	在不同的控件之间进行跳转或者移动光标	测量键	在特定界面下触发测量功能(此键在仪器侧面)

在角度、距离与坐标测量模式下要用到若干符号,这些符号及含义如表 3-3 所示。

表 3-3 NTS-342R5A 符号与含义对照表

显示符号	内　容	显示符号	内　容
V	垂直角	N	北向坐标
V%	垂直角（坡度显示）	E	东向坐标
HR	水平角（右角）	Z	高程
HL	水平角（左角）	m	以米为距离单位
HD	水平距离	ft	以英尺为距离单位
VD	高差	dms	以度分秒为角度单位
SD	斜距	gon	以哥恩为角度单位
PPM	大气改正值	mil	以密为角度单位
PT	点名	PSM	棱镜常数（以 mm 为单位）

3.2.1.2 常规测量程序菜单基本操作

全站仪安置好后，按电源键开机进入屏幕主界面，如图 3-3 所示，按"常规"按钮，显示常规测量内容，然后按数字键 1～3 选择对应菜单下的子菜单选项，即可进行角度、距离及坐标测量。

1）角度测量

（1）角度测量界面与操作

在屏幕主界面内点击角度测量菜单选项，即可进入角度测量界面，如图 3-4 所示。在该界面内，可以进行置零、置盘、保存、垂直角与坡度切换及角度计算方向（左右角）切换。

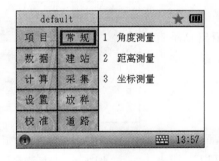

图 3-3　屏幕菜单主界面　　　　图 3-4　角度测量界面

V：显示垂直角度读数。

HR 或者 HL：显示水平方向读数（顺时针或逆时针方向）。

［置零］：将当前视线方向的水平度盘读数设置为"零"。

［保持］：按此键后，转动照准部时，水平度盘角度不变，直到释放为止。

［置盘］：通过输入数字设置当前的角度值。

（2）水平角、垂直角测量步骤

用全站仪角度测量时，水平角和垂直角是同时完成的。下面以测量一单角为例说明其操作过程（半测回）：

① 安置仪器，整平对中；

② 开机，进入角度测量界面；

③ 照准第一目标 A (竖丝水平方向切准,中横丝切准目标高度);

④ 使目标 A 水平方向置零,按"置零"键,此时水平方向读数为零;

⑤ 顺时针照准第二目标 B,屏幕上自动显示该方向水平角和垂直角。

2)距离测量

(1)距离测量界面与操作

在屏幕主界面内点击距离测量菜单选项,即可进入距离测量界面,如图 3-5 所示。在该界面内,可以进行距离测量、放样及模式设置。

SD:显示斜距值　　HD:显示水平距离值

VD:显示垂直距离值(目标点与垂直度盘中心之间的高差)

[测量]:开始进行距离测量

[模式]:进入到测量模式设置(具体操作见设置部分)

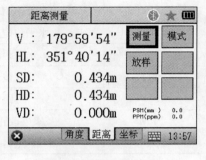

图 3-5　距离测量界面

[放样]:进入到距离放样模式

(2)距离测量步骤

用全站仪进行距离测量时,可同时完成斜距、水平距离和垂直距离的测量与计算。下面以测量一条边长为例说明其操作过程:

① 安置仪器,整平对中;

② 开机,进入角度测量界面;

③ 照准目标 A 处棱镜;

④ 按"测量"键,此时屏幕显示斜距、水平距离和垂直距离测量结果,同时显示该方向的水平方向读数与垂直角读数,如图 3-5 所示。

3)坐标测量

(1)坐标测量界面与操作

在屏幕主界面内点击坐标测量菜单选项,即可进入坐标测量界面,如图 3-6 所示。在该界面内,可以进行坐标测量、测站及模式设置等操作。

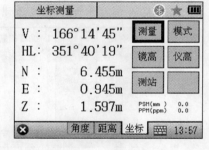

图 3-6　坐标测量界面

N:X 坐标　　　　E:Y 坐标　　　　Z:高程

[测量]:开始坐标测量　　　　　[模式]:设置测距模式

[镜高]:进入输入棱镜高度界面　　[仪高]:进入输入仪器高度界面

(2)坐标测量步骤

用全站仪进行坐标测量时,可同时完成坐标和精度的测量。下面以测量一个点的坐标为例说明其操作过程:

① 安置仪器,整平对中;

② 开机,进入坐标测量界面,设置仪器高、棱镜高及测距模式;

③ 照准目标 A 处棱镜;

④ 按"测量"键,此时屏幕显示该点的坐标(N、E、Z),同时显示该方向的水平方向读

数与垂直角读数。如图 3-6 所示。

3.2.1.3 NTS-340 全站仪数据采集步骤

对于数据采集这样的多点数据的测量,NTS-340 系列全站仪采用项目管理数据文件,每个项目对应一个文件,必须要先建立一个项目才能进行测量和其他操作。开机时默认系统将建立一个名为 default 的项目。每次开机将默认打开上次关机时打开的项目。项目中将保存测量和输入的数据,可以通过导入或者导出将数据导入到项目或者从项目中导出。

1)项目建立

新建项目的步骤如下:

① 开机进入项目管理菜单,如图 3-7 所示;

default	★ ▥				default	★ ▥		
项目	常规	1	新建项目		项目	常规	1	项目信息
数据	建站	2	打开项目	A	数据	建站	2	导入	A
计算	采集	3	删除项目		计算	采集	3	导出	
设置	放样	4	另存为	B	设置	放样	4	关于	B
校准	道路	5	回收站		校准	道路			
			▦ 11:00					▦ 11:00

图 3-7 项目管理菜单界面

② 点击新建项目选项,进入新建项目界面,如图 3-8 所示;

③ 在新建项目界面中输入名称、作者及注释,系统默认以当前的时间作为项目名称;不能建立两个项目名称相同的项目,项目名称最长为 8 个字符,文件的扩展名为 job;

④ 在新建项目界面中,点击"√"按钮,即可完成新建项目。

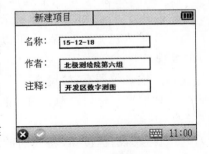

图 3-8 新建项目界面

2)建站

建站的实质是进行测站设置,主要是完成测站点信息设置,包括测站点坐标、高程、仪器高、棱镜高、定向点(后视点)坐标与高程等内容,如图 3-9 所示。

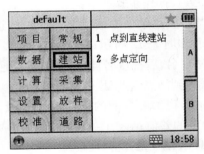

default	★ ▥				default	★ ▥		
项目	常规	1	已知点建站		项目	常规	1	点到直线建站
数据	建站	2	测站高程	A	数据	建站	2	多点定向	A
计算	采集	3	后视检查		计算	采集			
设置	放样	4	后方交会测量	B	设置	放样			B
校准	道路	5	陀螺仪寻北		校准	道路			
			▦ 18:57					▦ 18:58

图 3-9 建站界面

（1）已知点建站步骤

① 点击图 3-9 界面中的"已知点建站"选项，进入已知点建站界面；

② 输入测站点名

输入已知测站点的名称时，通过"▼"可以调用或新建一个已知点作为测站点。

③ 输入仪器高、棱镜高，如图 3-10 所示，分别为 1.568 m 和 2.000 m。

④ 输入后视点名

输入已知后视点的名称时，通过"▼"可以调用或新建一个已知点作为后视点。通过已知点进行后视的设置有两种方式：一种是通过已知的后视点，一种是通过已知的后视方位角。

⑤ 点击"设置"按钮

根据当前的输入对后视角度进行设置，如果前面的输入不满足计算或设置要求，将会给出提示当前 HA：显示当前的水平角度。

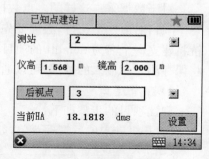

图 3-10　已知点建站界面

（2）测站高程设置

在完成设（建）站后才能进行测站高程的设置，具体步骤如下：

① 在"建站"菜单项中选择"测站高程"选项，进入测站高程设置界面，如图 3-11 所示；

② 输入已知点高程，也可以通过 ▼ 得到调用已知点的高程；

③ 输入仪器高、棱镜高；

④ 照准目标，按"测量"按钮，获得高差 VD 及测站计算高程；

⑤ 按"设置"按钮，将当前的测站高设置为测量计算得出的测站高。

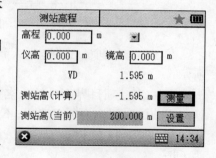

图 3-11　测站高程界面

（3）后视定向检查

后视定向检查是数据采集作业的一个重要环节，要检查望远镜照准后视点时，当前的角度值与设站时的方位角是否一致。操作步骤如下：

① 在"建站"菜单项中选择"后视检查"选项，进入后视检查界面，如图 3-12 所示；

② 测站点名、后视点名自动显示，如果通过输入后视角度的方式得到的点名此处将显示为空；

③ 显示后视 BS、当前的方向值 HA 及 dHA BS 和 HA 两个角度的差值；

④ 根据 dHA 判断是否合限；

⑤ 不合限，可以重置，按重置按钮即可完成。

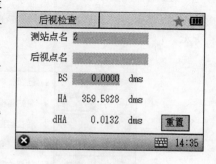

图 3-12　后视检查界面

但应注意,此时是将当前的水平角重新设置为后视角度值。

(4) 碎部点数据采集步骤

在设站完成后,通过数据采集程序可以进行碎部点数据采集工作。具体步骤如下:

① 在图3-13界面中,点击"采集"菜单,选择"点测量"选项,进入单点测量界面,如图3-14所示。

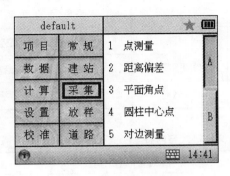

图 3-13　数据采集对话框

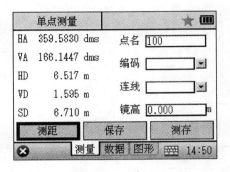

图 3-14　单点测量

② 照准碎部点,按"测距"按钮,此时显示 HA、VA、HD、VD、SD,分别为水平方向值、垂直角读数、平距、高差、斜距及棱镜高。

③ 输入该碎部点编码及连接信息

连接信息输入的方法是,输入一个已知点的点名,程序将把当前点与该点连线,并在图形界面中显示,每次改变编码后,将自动显示前几个相同编码的点。

④ 保存数据

保存采集数据有两种情况,按"保存"按钮,对上一次的测量结果进行保存,如果没有测距,则只保存当前的角度值。按"测存"按钮则同时完成测距及保存功能。

⑤ 数据显示

按"数据"按钮,显示上一次的测量结果;按"图形"按钮,显示当前坐标点的图形。

(5) 数据传输

在完成外业数据采集后,即可进行数据传输,将数据传输到计算机,用成图软件生成图形。传输方法有通讯串口(RS232)、优盘和蓝牙传输,依据仪器功能配置而定。NTS-340系列全站仪采用通讯串口(RS232)方式传输数据的步骤,参见4.3.3章节的"读取全站仪数据"相关内容。

NTS-340系列全站仪数据采集导出的数据文件有两个:一个是原始数据文件,另一个是坐标文件,其内容与格式如表3-4及表3-5所示。

表 3-4　原始数据文件内容

符号	内　容	符号	内　容
JOB	项目名,项目描述	XYZ	X(东坐标),Y(北坐标),Z(高程)
DATE	日期,时间	BKB	点号,后视,方位角

续　表

符　号	内　容	符　号	内　容
NAME	项目创建人姓名	SS	点号,目标高,点编码
INST	仪器标识	HV	水平角,垂直角
UNITS	米/英尺,度/哥恩	SD	水平角,垂直角,斜距
SCALE	格网因子,比例尺,海拔高	HD	水平角,平距,高差
ATMOS	温度,气压	OFFSET	径向偏差,切向偏差,铅垂偏差
STN	测站号,仪器高,测站编码	NOTE	注释

表 3-5　坐标数据文件格式与内容

编号	格式与内容
1	点名,N, E, Z,编码
2	点名,E, N, Z,编码
3	点名,编码,N, E, Z
4	点名,编码,E, N, Z

3.2.2　GPS-RTK 数据采集

随着 GPS-RTK 技术应用的日益普及,它已成为外业数据采集的主要方法之一。本节介绍中海达 V90 GNSS RTK 系统操作使用方法。

3.2.2.1　中海达 V90 GNSS RTK 系统介绍

1）中海达 V90 GNSS RTK 系统结构

中海达 V90 GNSS RTK 系统结构如图 3-15 所示。

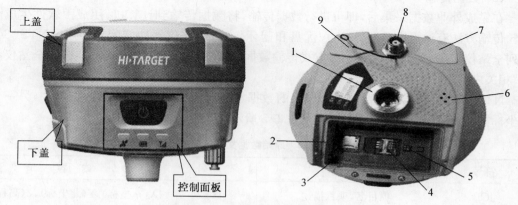

图 3-15　V90 GNSS RTK 系统结构

1—连接螺孔；2—电池仓；3—SD卡槽；4—SIM卡槽；5—弹针电源座；6—喇叭；
7—miniUSB接口及防护塞；8—GPRS/电台/天线接口；9—五芯接口及防护塞

中海达新一代小型化 V90 GNSS RTK 系统,具有较高的性能配置,支持倾斜测量,使用 WiFi 无线连接,控制距离可达 100 米;内置 5W 收发一体化电台,作用距离更远。此外,配备新一代的四核智能手簿,8G/16G 内置存储空间,可支持 32G SD 卡;搭载 Hi-Survey 专业测量软件,具备更为丰富的图形化表现,提高作业效率。

2) 中海达 V90 GNSS RTK 主要技术参数

中海达 V90 GNSS RTK 主要技术参数如表 3-6 所示。

表 3-6　V90 GNSS RTK 部分技术参数

名称	指标	名称	指标
操作系统	Linux 操作系统	定位精度	平面:±8 mm+1 ppm; 高程:±15 mm+1 ppm
启动时间	3 s	初始化时间	典型 8 s
数据存储	内置 8GB/16G 存储器	初始化可靠性	>99.9%
系统内核	采用国际一流的 PCC 多星多系统内核	数据更新率	最大支持 20 Hz
通道数	220	工作温度	−40 ℃～65 ℃
内置通讯	WCDMA/HSDPA/EDGE/GPRS/TD-LTE,支持 CDMA2 000	输入电压	直流 6～28 V DC

3) V90 GNSS RTK 的基本操作

V90 GNSS RTK 的控制面板如图 3-16 所示。包括一个电源按钮和三个指示灯。很多设置和操作可以使用面板上的按钮来完成。

(1) 开机/关机

开机:在关机状态下,长按电源键 1 秒钟,所有指示灯亮,同时有开机音乐,语音提示上次关机前的工作模式和数据链方式。

关机:在开机状态下,长按电源键 3 秒钟,所有指示灯灭,同时有关机音乐。若长按电源键大于 8 秒钟,则强制关机。

(2) 自动设置基站

关机状态下,长按电源键 6 秒钟,播报"自动设置基站",放开电源键,仪器将进行自动基站设置。

(3) 工作模式切换/确认

双击电源键进入工作模式切换,每双击一次,切换一个工作模式。在工作模式切换过程中,单击电源键确认某一模式。

(4) 主板复位

在开机状态下,长按电源键大于 6 秒钟,语音报第二声"叮咚",放开电源键,即可进行主板复位。

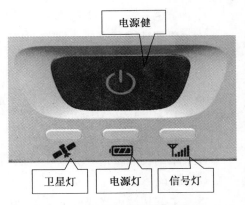

图 3-16　V90 GNSS RTK 的控制面板

3.2.2.2　Hi-Survey 专业测量软件介绍

Hi-Survey 专业测量软件是控制 GPS 接收机及测量数据即时处理的软件,该软件的特点是具有中英文界面实时切换功能,内置各国常用椭球参数、转换基准,包括了高斯投影、UTM 投影、兰勃托投影、墨卡托投影等世界常用投影方式。提供三参数转换、平面四参数转换、七参数转换、一步法、点校验等多种实用转换方法。高程拟合方面提供支持天宝、泰雷兹的格网、高程异常改正。绘图方面可以选择绘制哪些点集,是否绘制点名、描述,不同类型点按照不同标志绘制,有助于快速区分。可以选择是否对方向进行稳健估计,可以改善方向指示的正确性和稳定性。可以选择屏幕正方向为行走方向或北方向,放样点与当前点连接线辅助用户判断行走方向。数据采集时支持多种模式进行偏心测量,方便测量 GPS 信号未能覆盖的区域。内置计算距离、量算面积,进行角度换算、坐标转换等实用工具。

Hi-Survey 专业测量软件包括 Hi-Survey Road(工程宝)、Hi-Survey Eléc(电力宝)等版本,本节介绍 Hi-Survey Road 的基本功能与操作。在手簿上安装 Hi-Survey 专业测量软件,启动软件后,其主界面如图 3-17 所示,在该界面中有项目、GPS、参数等 9 个图标,它们的相应功能如下:

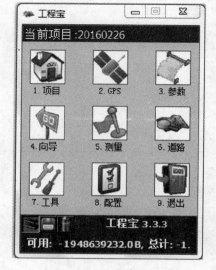

图 3-17　工程宝手簿主界面

(1) 项目

该菜单的功能是新建、套用、打开和删除一个项目,设置坐标系统,管理控制点及测量点数据,同时可完成导出成果报告。

(2) GPS

该菜单的功能是完成手簿与 GPS 的连接、基准站与移动站设置与注册等。

(3) 参数

该菜单的功能可完成坐标系统设置与导入、参数计算、高程拟合、点校验、点平移等。

(4) 向导

该菜单的功能可指导完成项目从创建、坐标系统设置、GPS 连接等操作步骤。

(5) 测量

该菜单的功能可完成碎部测量、放样、控制点库管理及连接 GPS 等操作。

(6) 道路

该菜单的功能可完成道路放样,纵、横断面采集及数据处理,控制点库管理及连接 GPS 等操作。

(7) 工具

该菜单的功能可完成间接测量,同时可进行角度、坐标、面积计算操作。

(8) 配置

该菜单的功能可完成软件配置、时区配置及软件背景颜色配置。

(9) 退出

该菜单的功能可完成退出程序、关闭 GPS 接收机操作。

3.2.2.3 V90 GNSS RTK 数据采集步骤

RTK 测量模式主要有单基准站 RTK 和网络 RTK（CORS/VRS）两种。前者只利用一个基准站，通过数据通信技术接受基准站发布的载波相位差分改正数进行 RTK 测量。网络 RTK 是指在一定区域内建立多个基准站，对该地区形成网络覆盖，并且进行连续跟踪观测，并以这些基准站中的一个或多个为基准计算和发播 GPS 改正信息，从而对该地区内的 GPS 用户进行实时改正的定位方式。我国很多地区已经建设网络 RTK 设施和使用了网络 RTK 技术，所以本节介绍利用 V90 GNSS RTK 与 Hi-Survey Road（工程宝）软件进行网络 RTK 数据采集方法与步骤。

RTK 数据采集步骤如下：

1）新建项目

在图 3-18 主界面中，点击项目图标，新建项目。点击"新建"按钮后，根据对话框提示输入项目名称，点击确定图标，即完成新建项目。若不输入项目名称，则默认当前日期为项目名称。项目存储测量的参数，将其设置均保存到项目文件中（＊.prj）。同时软件自动建立一个和项目名同名的文件夹，包括记录点库、放样点库、控制点库都放到坐标库目录 Points 文件夹中。

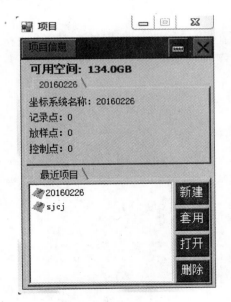

图 3-18　新建项目

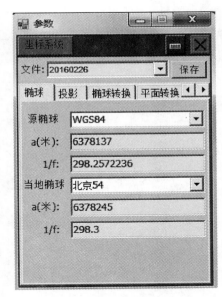

图 3-19　参数设置

2）参数设置

在图 3-19 主界面中，点击参数图标，进行参数设置。主要完成坐标系统设置与导入、参数计算、高程拟合、点校验、点平移等。

3）连接 GPS

在程序主界面中点击 GPS 图标，进入 GPS 连接界面，如图 3-20 所示，在该界面中，选择手簿类型，选择连接类型、端口、波特率及 GPS 类型，然后点击"连接"按钮进行 GPS 连接，在 GPS 列表中选择要连接的仪器号，再点击"连接"按钮，直至连接上 GPS。

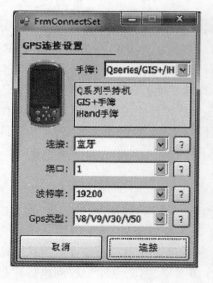

图 3-20　连接 GPS

4）移动站设置

主要设置数据链，其界面如图 3-21 所示，在该界面中设置数据链及差分电文格式等内容。设置相关内容后，点击"运用"按钮完成设置。

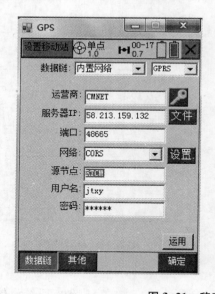

图 3-21　移动站设置

5）求解转换参数和高程拟合参数

完成以上步骤后，点击主界面中测量图标，即可进入测量界面，如图 3-22 所示，在该界面中可以进行点的坐标与高程测量。由于一般情况下使用的坐标系都为国家坐标系或地方坐标系，而 GPS 所接收到为 WGS-84 坐标系下的数据，因此如何进行坐标系统的转换成为RTK 使用过程中的很重要的一个环节。具体步骤如下：

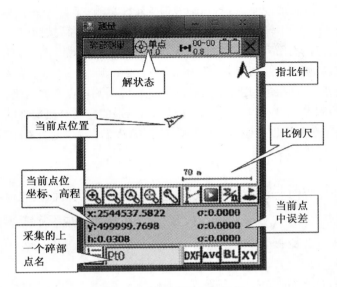

图 3-22 控制点源坐标测量

（1）先采集控制点源坐标

点击主界面上的测量图标，进入碎部测量界面，查看屏幕上方的解状态，在 GPS 达到"Int"—RTK 固定解后，在需要采集点的控制点上，对中、整平 GPS 天线，点击右下角的点位保存按钮或手簿键盘"F2"键保存坐标。并在弹出"设置记录点属性"对话框中输入"点名"和"天线高"，下一点采集时，点名序号会自动累加，而天线高与上一点保持相同，确认，此点坐标将存入记录点坐标库中。为了便于检核，一般应至少三个已知控制点上保存三个已知点的源坐标到记录点库。

（2）求解转换参数

在软件主界面，点击参数图标进入参数计算界面，如图 3-23 所示。

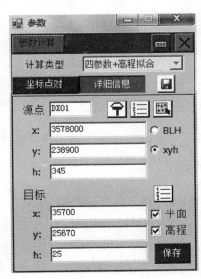

图 3-23 求解转换参数

先点击"添加"按钮添加控制点对,可以采用 GPS 实测、坐标点库提取点的坐标和图上确定源点坐标。在目标栏中输入相应点的当地坐标,点击"保存"按钮,按此法输入完成参与解算的控制点,然后点击右下角"解算"按钮,弹出求解好的四参数,四参数中的缩放比例为一非常接近 1 的数字,越接近 1 越可靠,一般为 0.999x 或 1.000x。平面中误差,高程中误差表示点的平面和高程残差值,如果超过要求的精度限定值,说明测量点的原始坐标或当地坐标不准确,对于残差大的控制点,不让其参与解算,这对测量结果的精度有决定性的影响。

然后查看"平面转换"和"高程拟合"是否应用,确认无误后,点击右下角"保存",再回退到软件主界面。

6)碎部测量

碎部测量:点击主界面上的测量图标按钮,进入"碎部测量"界面,按照地形测量的要求,在需要采集点的碎部点上,对中、整平 GPS 天线,点击右下角的图标或手簿键盘"F2"键保存坐标。

7)坐标文件生成与输出

(1)坐标文件生成

在项目菜单中,选择"记录点库"子菜单,点击右下角的记录点库图标,进入导出坐标文件生成界面,如图 3-24 所示,点击下拉菜单,选择要输出的数据格式,如选择南方 CASS 7.0(∗.dat),点击"确定"按钮,即可在 Points 目录下生成相应的数据文件。

图 3-24 坐标文件生成

(2)文件输出

将数据经过 ActiveSync 软件传输到电脑中,即可进行后续成图操作。

3.3 碎部点测算方法

无论是全站仪法还是 GPS-RTK 法进行数据采集,都不可避免地会出现隐蔽及难以直接测定的碎部点测量情况,这时就需要测定相应的定位元素,采用一定的方法来解算碎部点坐标,这一过程称为碎部点测算。随着全站仪和 GPS-RTK 仪器的测绘功能的不断加强,有一些隐蔽碎部点测量可以利用全站仪和 GPS-RTK 的相关功能现场解算,特殊情况则需要用程序手工计算来解决,本节介绍其相应的方法和作业步骤。

3.3.1 全站仪法

很多全站仪都有一些测算功能,即用相关的测量值和辅助测量要素来测算待定点的坐标,例如偏心测量功能、圆柱中心测量功能等。NTS-340 系列全站仪这方面功能较强,具有距离偏差、平面角点、圆柱中心点、线上延长点、线角交会、悬高测量及对边测量等功能。特别是距离偏差功能,在碎部点测量时,非常实用方便,下面介绍其操作方法与步骤。

NTS-340 系列全站仪的距离偏差功能,实质上是极坐标照准偏心 3 维改正法。其计算碎部点坐标的原理如图 3-25 所示,图中 Z 为测站,P 是待测点,由于不能直接测定,棱镜只能放在 P' 点处,它要归算到 P 点上,则需要测定 D_1、D_2、D_3 这 3 个辅助定位元素,联合 P' 点测得的距离与方向值计算出 P 点坐标。

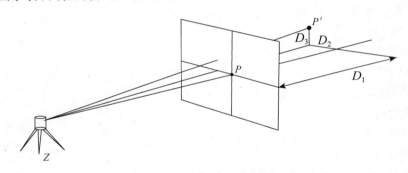

图 3-25 棱镜位置与待测碎部点位置关系

距离偏差测量操作步骤如下:
① 安置、设置全站仪;
② 在"采集"菜单中选择"距离偏差"选项,进入"距离偏差"测量界面,如图 3-26 所示;
③ 测定 D_1、D_2、D_3;
④ 输入 D_1、D_2、D_3,注意正负号,基于照准轴方向,前正后负,左负右正,上正下负;
⑤ 照准棱镜,按"测存"按钮即可完成该点的距离偏差测量。

当不考虑高程时,D_3 可设置为 0。圆柱中心点、线上延长点、线角交会点测算功能的使用类似,可参考相应仪器使用说明书。

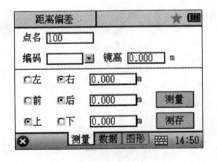

图 3-26 距离偏差测量界面

3.3.2 GPS-RTK 法

随着 GPS-RTK 测量数据处理软件功能的不断扩展,隐蔽及难以直接测定的碎部点的测量可以在现场直接计算求解。现以中海达 RTK 手簿软件为例,介绍 GPS-RTK 测量处理隐蔽及难以直接测定的碎部点的测量方法。

1）间接测量功能

Hi-RTK 手簿软件能提供以下 6 种碎部点测算功能,如图 3-27 所示。进入项目主界面,选择"工具"图标,即可进入"间接测量"界面。

（1）四点已知法

该方法需要测定四个辅助点来计算 P 点坐标,不需要测量距离,使用方便,是常用方法之一。但要求 A、B、C、D 四点与 P 构成两条直线,以便计算 P 点坐标。

（2）两点两线法

该方法需要测定两个辅助点来计算 P 点坐标,需要测量辅助距离 L_1、L_2,适用于量距较短的情况,使用方便,也是常用方法之一。但要求 A、B、P 构成逆时针图形编号,以便正确计算 P 点坐标。

（3）两点一线法

该方法需要测定两个辅助点来计算 P 点坐标,需要测量辅助距离 L_1,适用于量距较短的情况,使用方便,也是常用方法之一。但要求 A、B、P 位于一条直线上。

（4）两点两角法

该方法与前方交会计算原理相同。

（5）两点线角法

该方法利用极坐标法原理计算待定点坐标。

（6）方位角法

该方法利用极坐标法原理计算待定点坐标。

2）间接测量操作步骤

下面以四点法为例,说明其操作步骤：

① 如图 3-28,所示,在间接测量界面点击"四点已知"法图标,进入其操作界面；

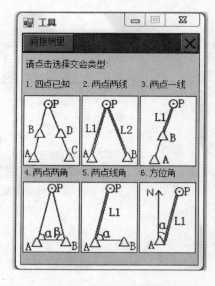

图 3-27　间接测量界面

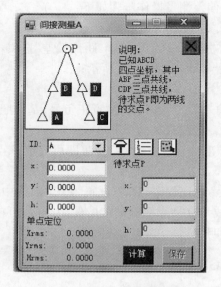

图 3-28　四点已知法测量界面

②　在 ID 窗口选择 A、B、C、D 点号，分别确定（实测）其坐标，其方法有三种：

点击 GPS 图标，实测坐标；点击文件库图标，导入控制点坐标；点击"图选"图标，在图上选取点坐标。

③　确定四点坐标后，点击"计算"按钮，即可计算出待定点坐标，如图 3-29 所示。

其他间接测量方法的操作，与四点已知法类似。

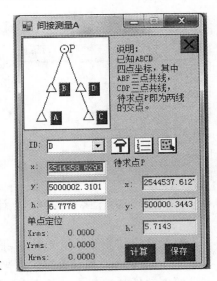

图 3-29　待定点坐标计算结果

3.3.3　手工计算法

手工计算碎部点坐标的方法通常有计算器法和绘图软件作图法。

1）计算器法

按照相应的点位图形和计算公式，用袖珍计算器计算碎部点坐标是一般常用方法，主要用于平面坐标计算。近年来，全站仪功能的扩展，很多全站仪都具有一定的坐标计算功能，给现场碎部点测算带来了极大方便，提高了外业工作效率。NTS-340 系列全站仪除具有袖珍计算器功能外，还有坐标正反算、点到直线距离计算、交会点坐标计算（距离、角度）、体积计算、面积周长计算等计算功能。如图 3-30 所示。

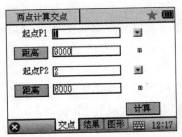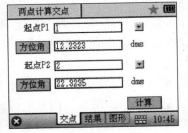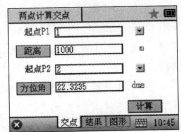

图 3-30　NTS-340 全站仪计算功能

下面以交会点坐标计算（距离、角度）菜单为例，计算其操作步骤：

①　开机，在图 3-30 的主界面按"计算"按钮进入计算菜单界面；

②　点击 B 菜单页，选择"两点计算交点"选项，进入两点计算交点界面，如图 3-31 所示；

图 3-31　两点计算交点界面

③ 在图 3-31 中输入起点 P_1、P_2 两点的点号；

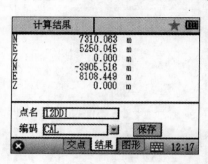

图 3-32 两点计算交点坐标

④ 距离交会时分别输入待定点到 P_1、P_2 的距离，角度交会时需要点击"距离"按钮转换为角度状态，如图 3-31，然后输入 P_1、P_2 处对应的角度；

⑤ 距离与角度交会时，一个按钮设置为距离模式，另一个设置为角度模式，如图 3-31 所示；

⑥ 检查输入数据无误后，点击"计算"按钮，即可显示；

⑦ 输入待定点点名（或点号）、编码，按"保存"键保存计算结果，完成计算，如图 3-32 所示。

坐标正反算、点到直线距离计算、体积计算、面积周长计算等计算功能的操作类似，详细步骤参考该仪器使用说明书。

2）绘图软件作图计算碎部点坐标

绘图软件中有相应的绘图与捕捉功能，可以利用其计算确定待定点的坐标。例如 A、B 为两已知点，待定点 P 距离 A 为 S_1，距离 B 为 S_2，需要计算确定 P 点坐标（X，Y）。在 AutoCAD 绘图环境中作图法确定该点坐标的步骤如下：

① 根据已知点坐标展绘 A、B 两已知点；

② 以 A 为圆心，以 S_1 为半径，画圆弧；

③ 以 B 为圆心，以 S_2 为半径，画圆弧；

④ 将捕捉方式设置为："交点"；

⑤ 捕捉交点坐标，在命令行显示可得如图 3-33 所示。

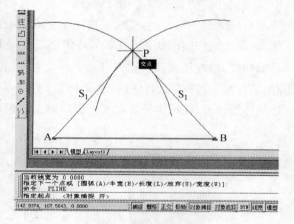

图 3-33 作图确定交点坐标

3.4 地形图要素信息编码

3.4.1 地形要素分类

为了更好地管理地形图要素数据，除了获取地形图要素的定位信息、属性信息和图形连接信息外，还要对地形要素进行分类与编码。现行规范规定，数据采集时要素分类和编码可以自行规定，但数据处理完成后，要素分类与编码应按照 BG 14894—2006 的相应规定执行。

如何科学而有效地对地形要素进行分类与编码一直是有待研究的问题，其原则是要有科学性、系统性、完整性、稳定性、适用性和扩展性。国家质量监督检验检疫局和国家标准化委员会发布的 GB/T 13923—2006《基础地理信息要素分类与代码》标准是我们进行地形要素分类与编码的基本依据。基础地理信息所描述的地理要素，包括水系、居民地及设施、交通、管线、境界与政区、地貌、植被与土质、地名以及空间定位基础等。

要素分类采用线分类法,要素类型按从属关系依次分为四级:大类、中类、小类、子类。

大类包括:定位基础、水系、居民地及设施、交通、管线、境界与政区、地貌、土质与植被等8类;

中类在上述各大类基础上划分出共46类,见表3-7。地名要素作为隐含类以特殊编码方式在小类中具体体现。

小类、子类按照1:500、1:1 000、1:2 000、1:5 000～1:100 000、1:250 000～1:1 000 000三个比例尺段进行类别划分。

大类、中类不得重新定义和扩充。小类、子类不得重新定义,根据需要可进行扩充。

表3-7　基础地理信息要素分类(大类、中类)

序号	大类	中类	序号	大类	中类
1	定位基础	测量控制点 数学基础	5	管线	输电线 通信线 油、气、水输送主管道 城市管线
2	水系	河流　沟渠 湖泊　水库 海洋要素 其他水系要素 水利及附属实施	6	境界与政区	国外地区 国家行政区 省级行政区 地级行政区 县级行政区 乡级行政区 其他区域
3	居民地及设施	居民地 工矿及其设施 农业及其设施 公共服务及其设施 名胜古迹 宗教设施 科学观测站 其他建筑物及其设施	7	地貌	等高线 高程注记点 水域等值线 水下注记点 自然地貌 人工地貌
4	交通	铁路　城际公路 城市道路　乡村道路 道路构造物及附属设施 水运设施　航道 空运设施 其他交通设施	8	土质与植被	农林用地 城市绿地 土　质

3.4.2　地形要素编码

分类代码采用6位十进制数字码,代码结构如下:

左起第一位为大类码,左起第二位为中类码,在大类基础上细分形成的要素类;左起第三、第四位为小类码,在中类基础上细分形成的要素类;左起第五、第六位为子类码,在小类基础上细分形成的要素类。

要素编码如表 3-8 所示。

表 3-8 各级比例尺基础地理信息要素分类与代码(部分)

分类代码	要素名称	1:500 ~1:2 000	1:5 000 ~1:100 000	1:250 000 ~1:1 000 000
100000	定位基础	√	√	√
110000	测量控制点	√	√	√
110100	平面控制点	√	√	√
110101	大地原点	√	√	√
110102	三角点	√	√	√
110103	图根点	√		
110200	高程控制点	√	√	√
110201	水准原点	√	√	√
110202	水准点	√	√	
110300	卫星定位控制点	√	√	√
110301	卫星定位连续运行站		√	√
110302	卫星定位等级点	√		
...	...	...	...	...
200000	水系			
210000	河流	√	√	√
300000	居民地及设施			
310300	单幢房屋 普通房屋	√	√	√
400000	交通			
410100	标准轨铁路	√	√	√
500000	管线			
510100	高压输电线	√	√	
600000	境界与政区			
630000	省级行政区	√	√	√

分类代码	要素名称	1:500 ~1:2 000	1:5 000 ~1:100 000	1:250 000 ~1:1 000 000
700000	地貌			
710000	等高线	√	√	√
800000	土质与植被			
810301	稻田	√	√	

3.4.3 实用编码方法

基础地理信息数据分类代码是对最终成果的要求。实际工作中为了提高工作效率,可以根据仪器设备、作业习惯及数据处理方法的不同,采用更简便的编码方法。对于众多的编码方案,可以归纳为三种类型:全要素编码、提示性编码和块结构编码。

(1) 全要素编码

这种编码方式要求对每个点都必须详细说明,即对每个点都能唯一、确切地标示出该点。通常,全要素编码是由若干个十进制数组成。一般参考地形图图式的分类,将地形要素分类编码。如 1-测量控制点;2-居民地;3-独立地物;4-道路;5-管线垣栅;6-水系;7-境界;8-地貌;9-植被。然后,再在每一类中进行次分类,如居民地又分为:01-一般房屋;02-简单房屋……另外,再加上类序号(测区内同类地物的序号)、特征点序号(同一地物特征点连接序号)。

全要素编码的优点为各点的编码具有唯一性、易识别、便于计算机处理。但编码层次多、位数多,难记忆;同一地物不按顺序观测时,编码困难;计算机处理时,错漏码不便人工处理。

(2) 提示性编码

提示性编码方式一般也是采用若干位十进制数组成,它分为两部分:一部分为几何相关性,由个位上数字 0~9 表示;如 0 表示孤立点、1 表示与前一点连接、2 表示与前一点不连接等。另一部分为类别属性,用十位上的数字 0~9 表示,如 1 表示水系、2 表示道路等。提示性编码一般不扩展到百位,如附录 B5 所示的 CASS 野外操作简码表。

提示性编码的优点是编码形式简明、操作灵活、记录简单,配合草图给人机对话方式图形编辑提供了方便。但编码信息不全、编辑工作量大。

(3) 块结构编码

该编码方式适应于计算机自动采集数据。它一般参考地形图图式的分类,用三位整数将地形要素分类编码。如 100 代表测量控制点;105 代表导线点;200 代表居民地;202 代表一般房屋(砖)。实际测量时,每个点除有观测值以外,同时还有点号、编码、连接点及连接线形。对于线型可以简单规定为:1-直线;2-曲线;3-弧线。

块结构编码的优点是编码可以重复,因为在现场测绘,不需要绘制草图。

3.5 图形信息组织与管理

3.5.1 图形信息组织

怎样实现由数据转换为图形的过程,组织好图形信息组织是关键。要完成图形信息组织的自动化,绘图程序必须能自动提取特征点坐标、属性及连接关系等信息。不同绘图软件的方法不同,下面以 CASS 系统生成图形信息(编码引导法)的过程为例说明其实现方法。

CASS 绘图软件实现由数据转换为图形的过程时,必须有两个重要文件:坐标数据文件和编码引导文件。

坐标数据文件是 CASS 最基础的数据文件,扩展名是"DAT",无论是从电子手簿传输到计算机还是用电子平板在野外直接记录数据,都生成一个坐标数据文件,其格式为:

1 点点名,1 点编码,1 点 Y(东)坐标,1 点 X(北)坐标,1 点高程

…

N 点点名,N 点编码,N 点 Y(东)坐标,N 点 X(北)坐标,N 点高程

说明:

① 文件内每一行代表一个点;

② 每个点 Y(东)坐标、X(北)坐标、高程的单位均是"米";

③ 编码内不能含有逗号,即使编码为空,其后的逗号也不能省略;

④ 所有的逗号不能在全角方式下输入。

编码引导文件是用户根据"草图"编辑生成的,文件的每一行描绘一个地物,数据格式为:

Code,N_1,N_2,…,N_n

其中:Code 为该地物的地物代码;N_i 为构成该地物的第 i 点的点号。值得注意的是:N_1,N_2,…,N_n 的排列顺序应与实际顺序一致。

显然,引导文件是对无码坐标数据文件的补充,二者结合即可完备地描述地图上的各个地物。

软件模块绘图时,先按编码引导文件说明的某一地物各点排列顺序在相应坐标数据文件中找到与实际顺序一致的各点,即基本图形的各点连接方法。根据属性编码确定符号、图层、颜色及线型等,再根据坐标数据文件中的定位信息在屏幕上确定特征点的平面位置,绘出图形。

3.5.2 图幅分幅与编号

为了有效地统一管理和使用地形图,必须对地形图进行分幅与编号。在传统的地形图管理中,都是以图幅为单位进行管理的。《国家基本比例尺地形图分幅和编号》(GBT 13989—2012)规范对于 1∶1 000 000～1∶500 的 11 种比例尺地形图的分幅与编号做了详细的规定。

对于大比例尺地形图既可以按照径差纬差分幅,也可以按照正方形和矩形方法分幅,一

般标准图幅大小为 40 cm×50 cm 或 50 cm×50 cm。

采用正方形和矩形分幅的 1：2 000～1：500 地形图,其地形图编号可采用该图廓西南角坐标编号法,也可以选用行列编号和流水编号。

采用图廓西南角坐标编号时,以公里数为单位,1：2 000、1：1 000 图幅取位至 0.1 km,1：500 图幅取位至 0.01 km,x 坐标的公里数在前,y 坐标的公里数在后。例如, 1：500某图幅的西南角坐标为 $x=356\,500$,$y=165\,500$,则该图幅按正方形分幅的编号为 356.50～165.50。

3.5.3　图形数据分层

数字化测图除了可以按照传统的地形图管理来分幅与编号外,另一个重要的特点是分层管理。层是地形特征属性在同一坐标平面内逻辑意义上的集合。分幅、分片是数据在平面上的分割,而分层是在竖向上的分割;不论哪一种它们都不改变数据的统一。分层管理的优点除了方便编辑与操作等方面外,更主要的是它的数据用户的多层次及数据共享性。

1) 分层要求

在数字测图时,一般是按照地物的属性来编码分层,如控制点层、房屋层、道路层、水系层等。《1：500、1：1 000、1：2 000 外业数字测图技术规程》(GB/T 19412—2005)规定了地图数据最后输出时分层的具体要求,参见表 1-10。实际生产过程中,根据需要,可以向下扩展详细分层。例如,CASS 9.1 系统数字测图时,就开有 28 个图层。

2) 分层方法

以 AutoCAD 为基础平台的绘图软件中,层的属性包括层名、颜色、线型及是否显示等。创建一个新层用 layer 命令来实现,其具体过程如下:

① 在 AutoCAD 命令行键入"layer"或在工具条上点击图层管理器即可以进入下面的对话框(图 3-34)。

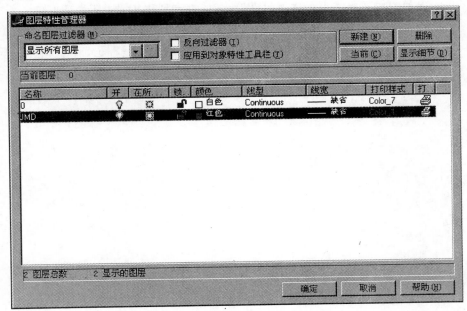

图 3-34　创建图层对话框

② 点击"新建"按钮,在名称栏内输入图层名,如"JMD";然后依次设定该层的颜色、线型等设置。

③ 点击"确定"按钮,即完成"JMD"图层的创建。

对于一个功能完善的数字测图系统来讲,图层的划分与设置是自动完成的,例如在CASS 软件中,点击"加入 CASS 环境"菜单选项可以将 CASS 9.1 系统的图层、图块、线型等加入在当前绘图环境中。

思考题与习题

1. 数字测图中数据采集的内容有哪些?

2. 你了解哪些碎部点测算方法,有何经验?

3. 全站仪主要组成部分有哪些?目前最新型全站仪有哪些特点?

4. 全站仪数据采集的主要步骤有哪些?

5. 全站仪与计算机数据通讯时应设置哪几项参数?

6. 地形要素如何进行分类?

7. 图 3-35 中已知点坐标及观测边长如下所示,各边之间成垂直关系,试计算图中碎部点 1、2 的坐标。

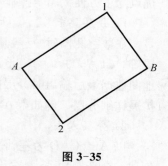

图 3-35

点名	$Y(m)$	$X(m)$
A	2 500.00	3 500.00
B	2 623.41	3 500.00
	$SA_1 = 98.00$ m	$SB_1 = 75.00$ m

8. 如图 3-25 所示,若测站点坐标为 $X = 5\ 600.000$,$Y = 75\ 00.000$,$H = 25.000$,定向点坐标为 $X = 5\ 800.000$,$Y = 7\ 500.000$,$H = 28.500$,仪器高为 1.550 m,起始方向置零。由于通视的原因,不能直接测定 P 点,只能采用偏心测量方法测定。观测 P' 点时,水平方向值为 $88°49'51''$,垂直角读数为 $88°54'35''$,照准高为 2.000 m,平距为 87.923 m;观测 P 的方向值为 $89°48'30''$,并测得 $D_1 = 8.665$ m、$D_2 = 1.500$ m、$D_3 = 1.500$ m,试求 P 点坐标与高程。

4 数字测图系统操作与使用

数据采集完成后,要在计算机屏幕上生成地形图,必须使用相关的数字测图系统来完成这一过程,本章介绍 AutoCAD Map 3D、MicroStation 和 CASS 成图系统的相关知识。

4.1 AutoCAD Map 3D

AutoCAD Map 3D 构建在 AutoCAD 软件基础上,它具备 AutoCAD 的所有功能,同时拓展了 GIS 方面的功能——空间数据的管理,可以创建、维护、分析和有效沟通包含在多个 AutoCAD Map 图形和相关外部数据中的地图制图信息,满足地图制作人员和 GIS 专业人员的设计需求。因此,AutoCAD Map 3D 可以用作 GIS 的前端数据采集软件,它在数字测绘中具有广泛的应用前景,所以,本节对 AutoCAD Map 3D 2013 功能特点及操作作简要介绍。

4.1.1 AutoCAD Map 3D 2013 功能特点

1) FDO 数据访问技术

AutoCAD Map 3D 软件采用了开源的要素数据对象(FDO,Feature Data Object)技术,能够直接无缝地访问存储于关系数据库、文件和基于 web 服务的空间数据,使得设计人员和 GIS 部门更加有效地访问和共享同一份数据。

支持的数据库主要有 ESRI ArcSDE、Oracle Spatial、MySQL 关系数据库、Microsoft SQL Server 关系数据库等。

2) 使用"显示管理器"控制可见性

每个地图文件均可包含多个显示地图。每个显示地图均有单独设置样式的自有图层集。例如,可以连接至包含地块的数据存储,然后创建一个按面积为地块创建专题的显示地图,以及一个按人口为地块创建专题的显示地图。可以将显示地图与视口关联,为每个视口/地图添加图例。同时可使用动态比例尺,通过旋转指北针控制方向。

3) 方便高效的行业模型管理器

行业模型是存储在 Oracle 数据库(企业行业模型)或者图形或样板文件(基于文件的行业模型)中的专用模式。系统提供电、水、废水和气体行业模型。用户可以使用 Autodesk Infrastructure Administrator 创建、编辑和配置行业模型。行业模型包含要素类、规则、关系和其他设置。行业模型管理器使用树状视图显示存储在数据库中的对象,可以为每个行业模型定义不同的管理器来管理主题(和要素类)、域、拓扑、交点、系统表和工作流等对象。

4) 简单快捷的数据连接方式

在 AutoCAD Map 3D 软件系统的三个工作空间,都可以快速地进行数据连接,如图4-1

所示,点击图标即可与 Oracle、MySQL 及企业行业模型进行连接。

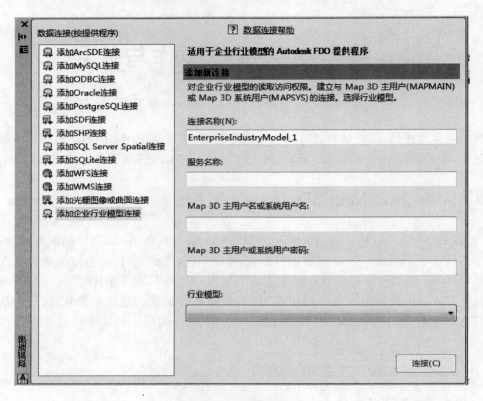

图 4-1　数据连接

　　另外,系统可以轻松集成各种格式的现场勘测数据,提供更加精确的设计和数据、强大的制图和可视化工具、共享准确的地图和地理空间数据、支持多用户编辑、使用要素分类,按照图形对象所代表的实际要素(如:地块、阀门或水管)来组织这些对象。AutoCAD Map 3D可以自动生成有关空间信息的元数据,并以标准管理格式发布(如 FGDC)。

4.1.2　AutoCAD Map 3D 2013 基本操作

1) 工作空间与功能区划分

　　AutoCAD Map 3D 2013 安置成功后,启动程序,进入"规划与分析"工作空间,其界面如图 4-2 所示。点击切换工作空间下拉菜单,选择进入"Map 经典工作空间",简洁界面如图4-3所示。

　　"下拉菜单"和"工具栏"主要用于提供地图制作任务的命令与功能。

　　"数据表"和"数据视图"是以表格格式显示属性数据。数据表用于查看地理空间要素的空间数据和属性数据;数据视图用于查看已链接到图形对象的属性数据。

　　"任务窗格"的主要作用是管理地图和地图数据、显示数据图层和为数据图层设置样式、引入和管理勘测数据和发布多页地图册。

　　"状态栏"的主要作用是显示当前光标位置、更改放大和比例设置、在二维和三维之间切换、切换工作空间,还可以使用常用其他工具。

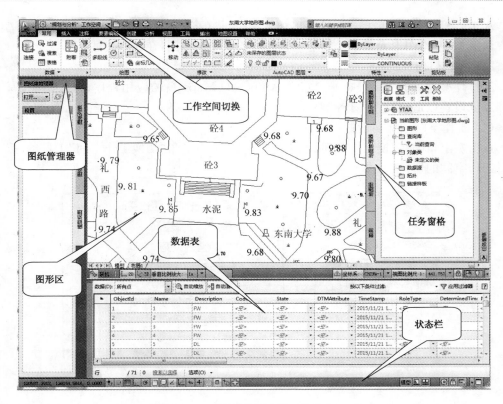

图 4-2　"规划与分析"工作空间

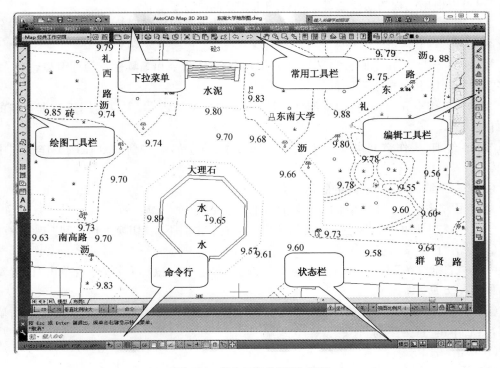

图 4-3　"Map 经典"工作空间

AutoCAD Map 3D 2013 下拉菜单和工具栏、状态栏的使用方法与相应的 AutoCAD 使用方法类似,基本图形元素的绘制与编辑方法与要点也相同,在此不赘述。

2)工作环境设置

工作环境设置的主要任务是自定义 AutoCAD Map 3D 的应用程序窗口、功能区、工具栏和默认设置以适应制图工作需要。

(1)工作空间选择与设置

点击左上角的"切换工作空间"下拉菜单,或点击右下角"切换工作空间"工具条,都可以进行工作空间的切换,如图 4-4 所示。

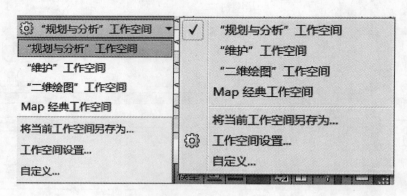

图 4-4　工作空间切换菜单

AutoCAD Map 3D 提供了"规划与分析""维护""二维绘图"和"Map 经典"四个工作空间,用户可以根据工程的需要选择最适合的工作空间。

对熟悉 AutoCAD 软件和其功能区的用户,同时主要使用图形数据的用户可以选择"二维绘图"工作空间。

"规划与分析"工作空间自定义 AutoCAD Map 3D 命令和工具栏及管理窗口,主要适用于多数据源制图和分析工程项目。

"维护"工作空间对使用企业行业模型的用户进行了自定义,主要适用于数据更新的工程项目。

"Map 经典"工作空间主要用于处理早期版本的产品,某些新命令在该工作空间中不可用。

(2)"二维绘图"工作空间的默认设置

要使用"二维绘图"工作空间作为默认工作空间的设置步骤如下:

① 点击左上角的"切换工作空间"下拉菜单,或点击右下角"切换工作空间"工具条;

② 点击"自定义"选项;

③ 在"二维绘图"工作空间(或自定义工作空间)上单击鼠标右键,然后单击"设置默认值",如图 4-5 所示;

④ 要在当前会话期间使用此工作空间(以及将其设置为默认值),再次在其上单击鼠标右键,然后单击"置为当前";

⑤ 单击"确定"。

(3)添加功能区、菜单和工具栏选项

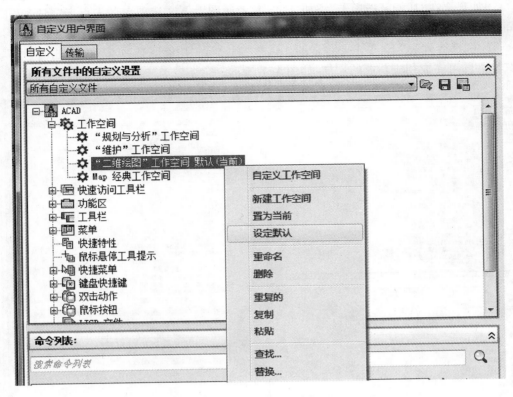

图4-5　切换工作空间

在 AutoCAD Map 3D 中,可以进行功能区、菜单和工具栏的自定义,其基本步骤与 AutoCAD 的相应设置类似。

① 在"自定义用户界面"对话框中的"所有自定义文件"窗口内,选择要修改的工作空间。例如选择"二维绘图"工作空间。

② 在"自定义工作空间"窗口内展开要自定义的项,以查看该项下的所有项。例如,展开"功能区选项卡"菜单查看该菜单下的选项,如图4-6所示。

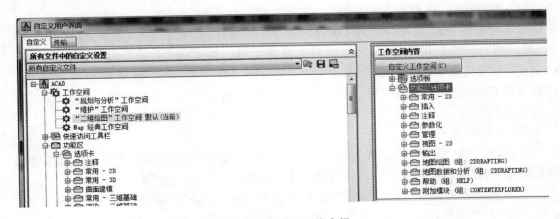

图4-6　自定义工作空间

③ 如果要在"功能区选项卡"添加"PDF 参考底图上下文选项卡",先点击"自定义工作空间"按钮,使字体变蓝,进入可编辑添加状态。

④ 在"命令列表"下,单击要包含的工具并将其拖到"功能区选项卡"中,单击"应用",单击"确定"即可完成相应功能的添加,如图 4-7 所示。

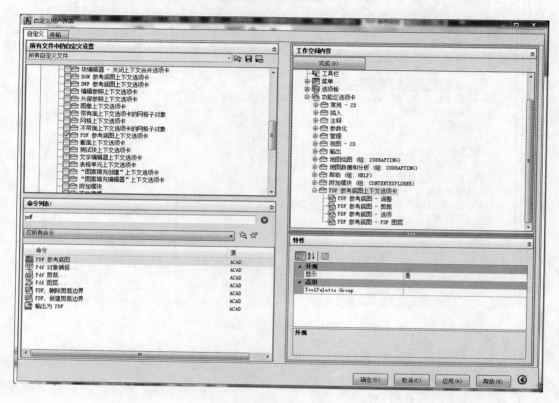

图 4-7　选项卡添加

4.1.3　绘制地形图的基本步骤

（1）启动软件,进入"规划与分析"工作空间。

（2）在文件下拉菜单中点击"新建",进入"选择样板"对话框,一般数字线划图绘制,可选择"map2d. dwt",是一个二维绘图模板文件,如图 4-8 所示。样板文件可以自己定制,根据具体工程要求定制好放在" Template"目录下,绘图时就可以直接调用。样板文件定制时要考虑比例尺、图层、颜色、线型等相关内容,注意要符合国家标准和工程的具体规定。

（3）数据导入

在 AutoCAD Map 3D 的"规划与分析"工作空间绘制地图,其支持的数据包括外部数据库数据、栅格数据及勘测数据等,现以勘测数据导入为例说明作业过程。

① 在地图任务窗格中点击"勘测"选项卡,鼠标右击"数据"图标,选择"导入 ASCII 点"选项,如图 4-9 所示,进入"勘测数据存储"对话框,如图 4-10 所示。

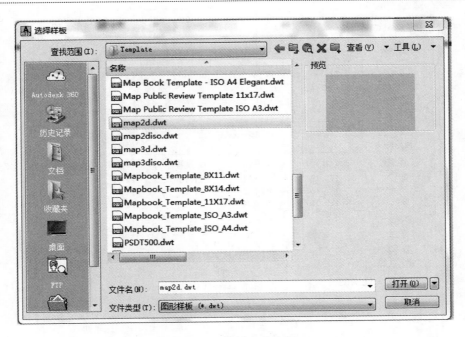

图 4-8　样板文件选择

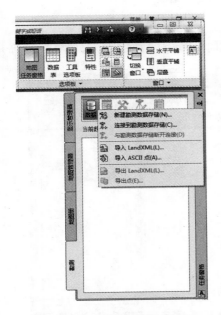

图 4-9　导入 ASCII 点

图 4-10　勘测数据存储对话框

② 确定导入方式

此对话框有"连接至现有勘测数据存储""创建新的勘测数据存储"和"取消导入"三个选项。如果已经创建过勘测数据存储,选择"连接至现有勘测数据存储",没有创建过勘测数据存储的应选择"创建新的勘测数据存储",点击"取消导入"选项则退出此项功能。

例如,已有"YTAA. TXT"碎部点测量文件,导入的界面如图 4-11 所示。

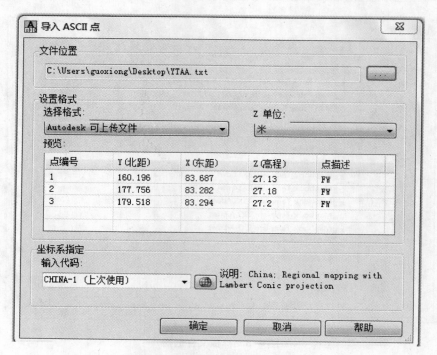

图 4-11 导入 ASCII 点对话框

（4）图形生成

导入碎部点测量文件后，点位图形自动生成，同时可以设置数据表显示，如图 4-12 所示。

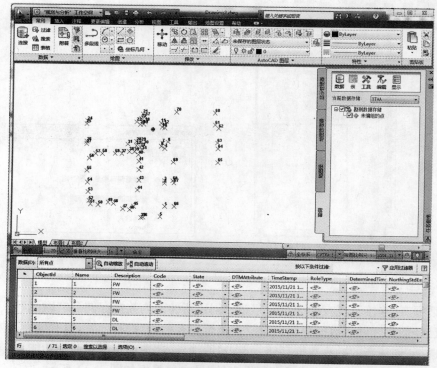

图 4-12 点位图形生成与数据表显示

（5）图形编辑与检查

碎部点图形生成后，图形编辑、检查与一般 AutoCAD 绘图作业过程和方法类似，主要问题在符号的配置上，需要开发相应的功能和应用程序来完成，同时要建立符号库。

（6）图形输出

地图编辑与检查完成后，按照项目要求给定文件名，并以"DWG"格式输出，如图 4-13 所示。

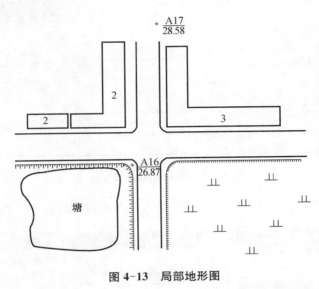

图 4-13　局部地形图

4.2　MicroStation 系统

MicroStation 是一个功能强大的计算机 2D/3D 辅助设计工具软件，广泛应用于建筑设计、土木工程、交通、地理信息系统等方面，是国际上大多数大型工程公司的主要设计工具。MicroStation V8 版在二维设计制图、三维实体建模和各式曲面建造操作、高级渲染效果图制作和各种动画的制作方面功能强大。在测绘领域的应用十分广泛，如数字化测图、地理信息管理等。本节主要介绍该系统的基本使用方法。

4.2.1　启动 MicroStation

在安装好 MicroStation 后，双击 MicroStation V8 启动图标，屏幕将出现如下 MicroStation 管理器对话框，如图 4-14 所示。

管理器对话框右侧为图文件预览窗口，不同的档案类型其显示的状态（图样）也不同。

该示图表示以只读方式打开 dgn/目录下的 CB1. dgn 图形文件，它是一个二维、V8 版的 dgn 格式的图形文件。

若要建立自己的一个新文件，从图 4-14 的"文件"下拉菜单点击"新建项"即可出现新建对话框，在文件名栏输入文件名，如 test. dgn，文件目录为：c:\…\dgn；选择种子文件为

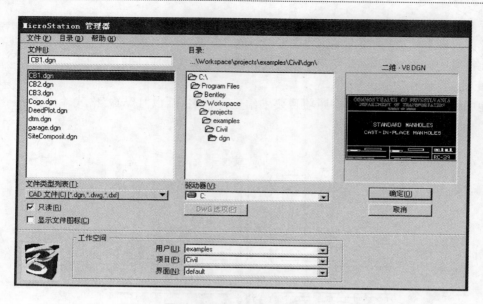

图 4-14 MicroStation 管理器

2dMetricCivil. dgn，然后点击"确定"按钮即可进入绘图窗口，如图 4-15 所示。

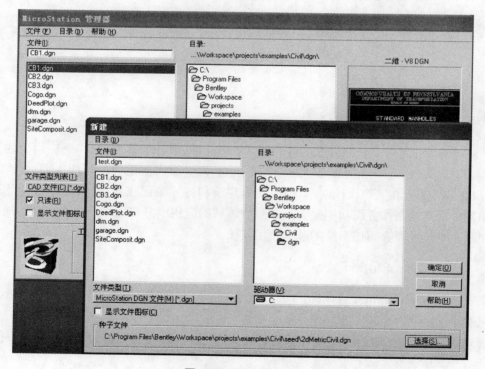

图 4-15 新建对话框

4.2.2 主要绘图工具

在 MicroStation 绘图窗口进行设计、绘图时，首先要熟悉相关的下拉菜单、绘图工具与工具条的使用。绘图编辑时常用的工具主要有主工具箱、附属工具条、主要工具条、标准工具条、视图控制工具栏等,如图 4-16 MicroStation 绘图窗口所示。

1) 绘图工具基本功能

主工具箱内包含大部分的绘图工具,主要用于图形、图像绘制与编辑,而每一绘图工具的设定参数(如多边形工具须设定是要画 5 边或 6 边形)则放在主要工具设定窗口。

附属工具条可供设定图层、线型、线宽等绘图环境。

主要工具条包含精准绘图工具、参考图档等工具。

标准工具条则是所有 Windows 软件的标准工具,主要用于图形文件的各种处理,如新建、打开、保存及其他文件操作功能。

下拉菜单是最上面一排文字所示,包括该软件主要的功能模块及操作子菜单。

状态栏位于最下面一排,左侧为绘图工具操作步骤,右侧是一些锁定开关。

视图控制工具栏一般位于窗口中水平滚动条的左边,有更新、放大、缩小等九项功能,如图 4-17 所示。

绘图区可供放置几何图形及文字资料,每一个图档最多可开启 8 个绘图窗口。

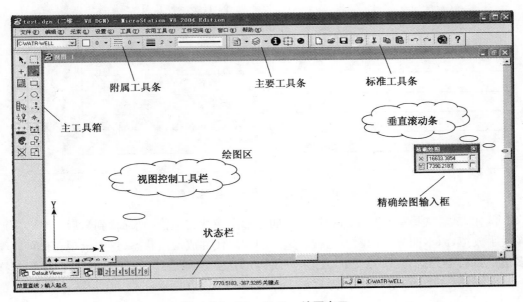

图 4-16　MicroStation 绘图窗口

图 4-17　视图控制工具

2) 主工具箱内包含的绘图工具及其功能

主工具箱内包含的绘图工具及其功能如图 4-18、4-19 所示。

3) 主工具箱内包含的绘图工具使用方法

先将鼠标移到主工具箱任一图像工具上后按住鼠标左键往右拖拉,其他的工具会显示

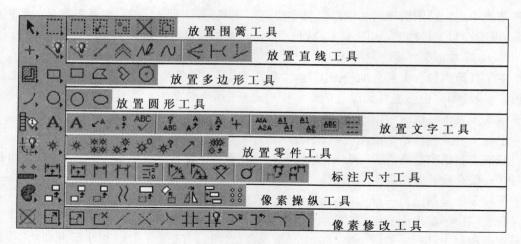

图4-18　主工具箱内包含的绘图工具一

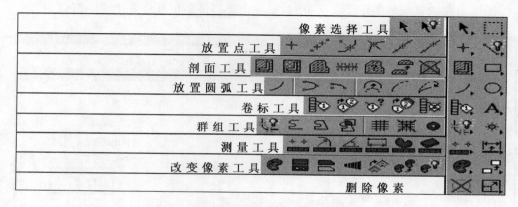

图4-19　主工具箱内包含的绘图工具二

出来。例如,试着选择主工具箱右列第三个四方形图像往右拖拉,光标移到最后一个多边形图像后手放掉,原本四方形的图像已被多边形图像取代并成反白状态,这表示现在你可以绘制多边形,同理若你日后要绘制四方形,只要再选择主工具箱右行第三个工具图像往右拖拉,光标移到第一个四方形工具图像后放手即可,如图4-20所示。

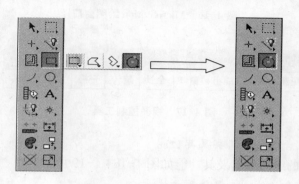

图4-20　主工具箱内绘图工具的使用

4.2.3 基本绘图方法

1）简单几何图形绘制

矩形、多边形（含正交）、圆及椭圆的绘制都可以用工具箱中的绘图工具来实现。例如要在绘图窗口绘制椭圆，其步骤如下：

（1）左键按住主工具箱右排第四位置。

（2）子工具箱出现后单击椭圆绘制图标即可出现放置椭圆对话框，如图4-21所示。

该对话框中可以对绘图方式、图形参数及区域填充类型进行设置。若不作修改，可以用光标直接点击绘制，其效果如图4-22所示。

2）精确绘图

有别于一些 CAD 的坐标输入绘图方式，MicroStation 是以精确绘图工具来进行

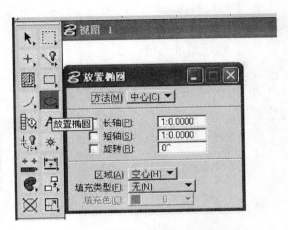

图 4-21 椭圆图形绘制参数对话框

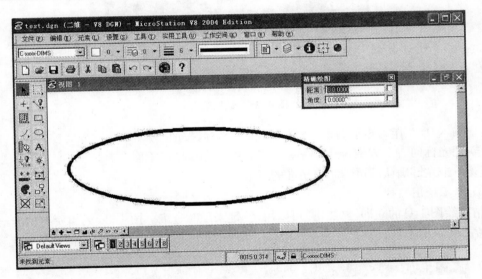

图 4-22 简单几何图形椭圆绘制

精确要求的绘图。精确绘图工具的操作非常简单，但对绘图却非常有帮助，如果把种子文件比喻成图纸，删除像素工具比喻成橡皮擦，鼠标光标比喻成铅笔，那精准绘图工具就是绘图仪器（集丁字尺、三角板、量角器之功能）。

系统可设置为一旦进入 MicroStation 环境便会自动打开精准绘图工具，也可选择基本工具条内的精准绘图工具图标，执行打开/关闭。二维绘图时，精准绘图窗口激活后如图4-23所示。

图 4-23 精准绘图工具激活

精准绘图窗口的位置是可以移动的,开机后取决于上次使用时的位置状态。当光标在绘图窗口中移动时,精准绘图窗口的坐标数据是不断变化的。没有激活任何绘图工具时,选择特定的坐标读出方式,显示的是光标的绝对坐标(相对于坐标原点)。

下面以精确绘制一个 10 m×7 m 的矩形为例介绍其作图过程,假定其左下角顶点在坐标原点。

① 激活精准绘图窗口。

② 从主工具箱选择绘制矩形工具,此时工具设置窗口显示缺省设置,界面如图 4-24 所示。

图 4-24　精确绘矩形

③ 按"P"键打开"数据点输入"设置框,坐标输入方式选择绝对,如图 4-25 所示。

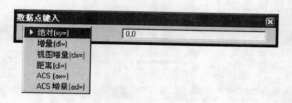

图 4-25　数据输入

④ 输入 0,0 作为矩形的第一点的 X 和 Y 坐标,按回车。

⑤ 把光标向右上方推,在 X 栏输入 10,在 Y 栏输入 7,不回车。

⑥ 单击左键确认即可绘制出精准的矩形。

3) 精准绘图热键

精准绘图工具的立即键(热键)可以用"?"键来随时查询。图 4-26 列出所有精准绘图工具的立即键(热键)及其功能。

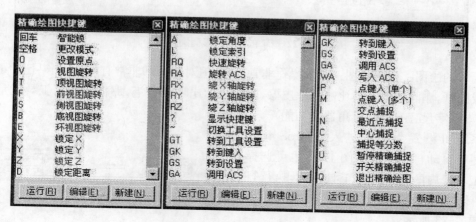

图 4-26　精准绘图热键图表

在精准绘图过程中,可以采用图 4-26 中的"热键"进入其功能应用。例如,键入"P",即进入单点坐标输入方式;键入"M",即进入多点坐标输入方式。

4) 种子文件建立

在建立一个新的设计文件时,都要选定一个种子文件。MicroStation 系统中提供了许多种子文件,这些文件就像用 WORD 软件建立文档时使用的模板,在系统的"...\seed"目录下可以找到,如图 4-27 所示。

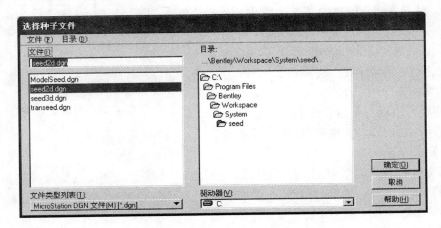

图 4-27　种子文件选择

若要建立自己的种子文件,一般可以按如下步骤进行:

① 打开一个已有的种子文件,如图 4-27 中的 seed2d.dgn 文件。

② 将该文件另存为新的种子文件,如存为"test.dgn",保存的目录自定。

③ 对相应的绘图环境进行设置并保存。

④ 选择下拉菜单"文件/压缩设计文件"项即可。

5) 绘图环境设置

选择下拉菜单"设定/设计文件(D)"后出现文件设置对话框,如图 4-28 所示,可用来改

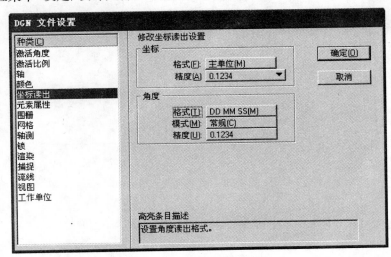

图 4-28　文件设置对话框

变文件某些特定的设置。框左侧"种类(C)"选项下列出了各类图形设定参数(如颜色、坐标读出、网格等),要设定某类的参数,在"种类(C)"列表内选择需要设定的种类,在对话框中间栏设定相关参数与属性,然后点击右侧的"确定"按钮即可。下面介绍坐标读出、元素属性两项设置的过程。

(1) 坐标读出

① 选择文件设置对话框中的坐标读出项,这时可以对坐标与角度的格式、精度进行设置。

② 点击相应的下拉菜单进行设置,如对角度的格式进行设置与修改,将其设置为度、分、秒方式。如图 4-29 所示。

③ 同样可以设置显示精度。

④ 最后点击右侧的"确定"按钮即可完成。

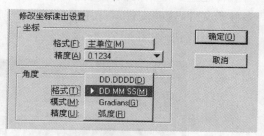

图 4-29 角度显示方式

(2) 元素属性

选择文件设置对话框中的元素属性项,这时可以对图层、颜色、线型及线宽进行设置。其设置的具体方法与前面"坐标读出"选项设置类似,例如设置"C-WETL"图层属性的基本步骤如下(图 4-30):

① 选择文件设置对话框中的"元素属性"选项,这时可以对图层的颜色、线型、线宽等属性进行设置。

② 选择图层颜色设置下拉菜单,选择颜色号为 3,该层的颜色则设置为红色。

③ 选择图层线型设置下拉菜单,选择线型号为 4,线型设置为点划线。

④ 线宽及类(A)的设置类似,设置完成所有选项后,单击右侧的"确定"按钮即可。

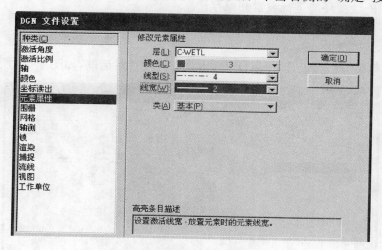

图 4-30 元素属性设置

4.3 CASS 成图系统

CASS 地形地籍成图软件是南方数码科技有限公司基于 AutoCAD 平台开发的 GIS 前

端数据处理系统。该软件架构与数据结构面向 GIS,打通了数字化成图系统与 GIS 接口,使用了骨架线实时编辑、简码用户化、GIS 无缝接口等先进技术。广泛应用于数字化地形、地籍测图、工程测量应用、空间数据建库、市政监管等领域。本节主要介绍 CASS 9.1 版本的基本功能与数字化成图的一般过程。

4.3.1　CASS 9.1 程序安装与启动界面

1) CASS 9.1 的安装

因为 CASS 系统软件是基于 AutoCAD 平台的二次开发,CASS 9.1 适用于 AutoCAD 2002/2004/2005/2006/2007/2008/2010,所以应该先安装好相应版本的 AutoCAD 软件,并运行一次,退出后才能进行 CASS 系统软件的安装。

① 安装时,打开 CASS 文件夹,找到 setup. exe 文件并双击它,屏幕上将出现图 4-31 的"欢迎"界面。

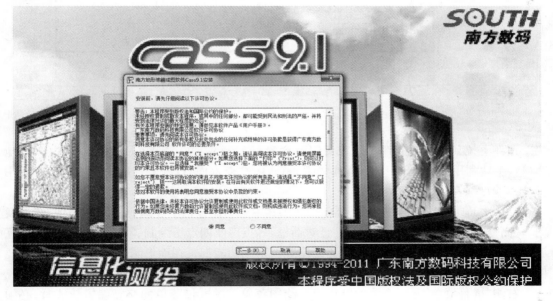

图 4-31　CASS 9.1 安装

② 在许可协议对话框中,选择"同意"选项,然后点击"下一步",否则取消或退出。

③ 选择 CAD 平台。软件自动检测电脑上所装的 CAD 平台,并提示选择一个 CASS 9.1 的安装平台,点击"安装完成"后,进入安装软件锁驱动程序。

④ 安装软件锁驱动程序。此时会出现软件锁驱动程序安装界面,这时必须确保已经插上软件锁。点击"完成"结束 CASS 9.1 的安装。

2) CASS 启动界面

CASS 地形地籍成图软件安装成功后,在桌面会有启动图标,双击该图标即可启动程序,并进入程序主界面,如图 4-32 所示。

CASS 9.1 程序的主界面设置分为顶部下拉菜单、属性面板、工具条和右侧屏幕菜单。

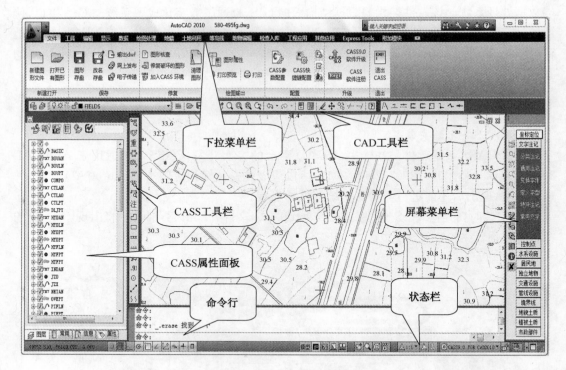

图 4-32 CASS 启动界面

顶部下拉菜单包括文件(F)、工具(T)、编辑(E)、显示(V)、数据(D)、绘图处理(W)、地籍(J)、土地利用(L)、等高线(S)、地物编辑(A)、检查入库(G)、工程应用(C)及其他应用(M)13 个子菜单。

CASS 工具栏一般可设置在屏幕的左侧,其主要功能包括实体编码查询与添加、线型换向、坎高修改、坐标及方位角查询、注记对话框、多点房及四点房绘制、陡坎及斜坡绘制、交互展点、图根点绘制、电力线绘制及道路绘制等。这些功能都是在地形图绘制与编辑时经常要使用的,将他们一起编排在工具栏是十分方便的。

右侧"屏幕菜单"是一个测绘专用交互绘图菜单。进入该菜单的交互编辑功能时,必须先选定定点方式。CASS 9.1 右侧屏幕菜单中定点方式包括"坐标定位""测点点号""电子平板"等方式。图 4-32 中选定是"坐标定位"方式。

CASS 9.1 的属性面板集图层管理、常用工具、检查信息、实体属性为一体。有图层、常用、信息、属性四个选项。

其中文件、工具、编辑、显示菜单与 AutoCAD 功能基本一致,在此不再赘述;下面主要对用于数字测图的菜单项的功能、基本操作进行介绍。

4.3.2 CASS 9.1 绘图环境设置

左键点击"文件"菜单的"CASS 9.1 参数配置"项,进入 CASS 参数设置对话框,如图 4-33 所示。分别可对地籍参数、测量参数、图廓属性、投影转换参数及文字注记样式等进行设置。

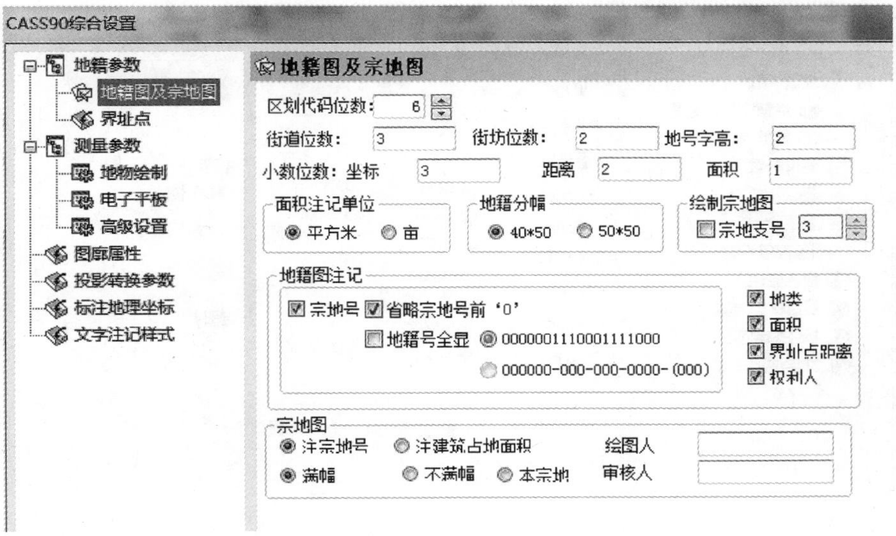

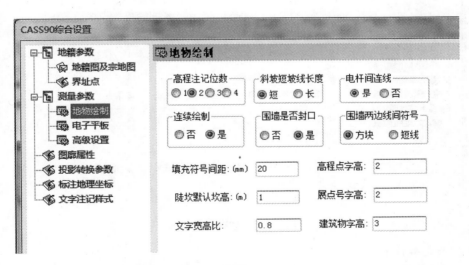

图 4-33 CASS 参数综合设置对话框

1) 测量参数设置

该项设置包括地物绘制、电子平板和高级设置三项。

（1）地物绘制设置

地物绘制设置如图 4-34 所示，主要包括高程注记位数、电杆间连线、围墙是否封口、斜坡短坡线长度、填充符号间距、陡坎默认坎高、高程点字高、文字宽高比、建筑物字高等多项设置。

图 4-34 地物绘制设置对话框

（2）电子平板设置

电子平板设置如图 4-35 所示，在下拉菜单中提供"手工输入观测值"、多种全站仪数据通讯及展点方式的设置。

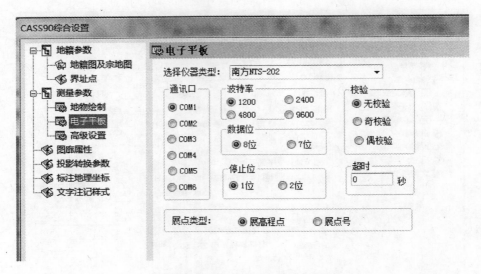

图 4-35　电子平板设置对话框

（3）高级设置

该项设置内容包括：生成和读入交换文件、土方量小数位数、DTM 三角形最小角、简码识别房屋与填充是否自动封闭、用户目录、图库文件等，如图 4-36 所示。

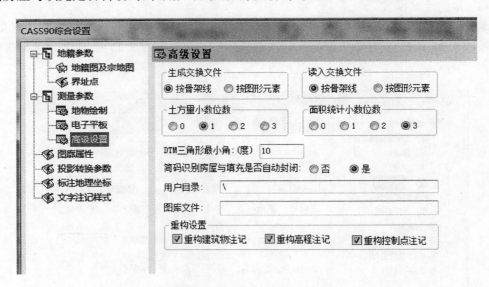

图 4-36　高级设置对话框

2）图廓属性设置

该项设置主要设置地形图的图廓要素。CASS 9.1 使用的是 2007 版图式，用户可根据自己的要求，编辑图廓要素的字体，注记内容。该选项按照《1：500　1：1 000　1：2 000 地形图图式》(GB/T 20257.1—2007)要求设置地形图框的图廓要素，包括图名图号、比例尺、坐标系、高程系等内容，如图 4-37 所示。

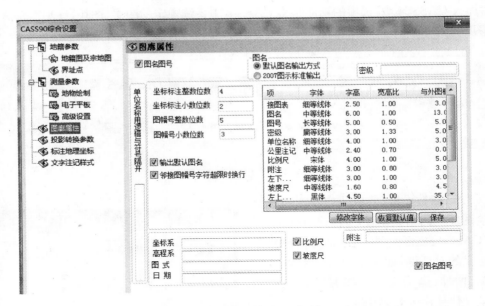

图 4-37 图廓属性设置对话框

3) 文字注记样式设置

该项设置内容包括文字式样、颜色、图层、字体、字高、倾角等。如图 4-38 所示。

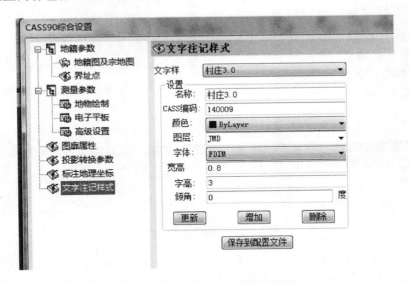

图 4-38 文字注记样式设置对话框

4.3.3 CASS 9.1 菜单基本操作

1) 下拉菜单功能与操作

(1) 文件

"文件"菜单中的功能选项如图 4-39 所示,其中新建、打开、保存、输出、修复等直接调用 AutoCAD 的相应功能,其使用方法与 AutoCAD 使用方法一致。

95

数字测图技术

"加入 CASS 环境"选项的功能是将 CASS 9.1 系统规定的图层、图块、线型等加入在当前绘图环境中。

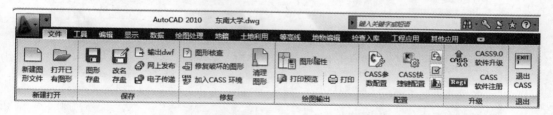

图 4-39 "文件"菜单示意图

"CASS 参数设置"菜单项的基本功能是进行绘图环境的相关设置，上面已有介绍。

"CASS 快捷键配置"选项是对快捷命令进行定义的对话框，如图 4-40 所示，可以进行更新、增加、删除操作。与编辑 acad.pgp 文件定义快捷命令效果相同。

该菜单中还包括软件升级、注册选项，用于软件的更新升级和注册。

（2）工具

"工具"下拉菜单中包括捕捉、交会、画线、图块、文字、光栅图像及查询等菜单项，如图 4-41 所示。捕捉、画线、图块、文字、光栅图像及查询等菜单项的基本操作与 Auto-CAD 使用方法一致。

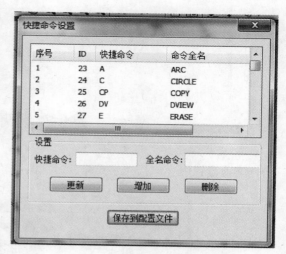

图 4-40 快捷键定义对话框

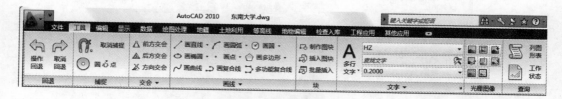

图 4-41 "工具"菜单示意图

"交会"菜单选项中包括前方交会、后方交会、方向交会、边长交会和支距量算这些测量坐标计算的功能。下面以前方交会为例介绍其操作使用方法。点击"前方交会"图标后，出现前方交会对话框，A、B 为已知点，其坐标可手工输入，也可以用鼠标在屏幕上捕捉；角度以度、分、秒形式输入；确定待定点的位置，即确定其在 AB 连线的左边或右边；点击"计算 P 点"按钮，在"结果"窗口即显示 X 与 Y 坐标，如图 4-42 所示。其他坐标计算功能菜单的使用方法与此相同，不再赘述。

（3）编辑

"编辑"下拉菜单中包括图元、图层控制、图形设定、图形编辑及其他等菜单项，如图

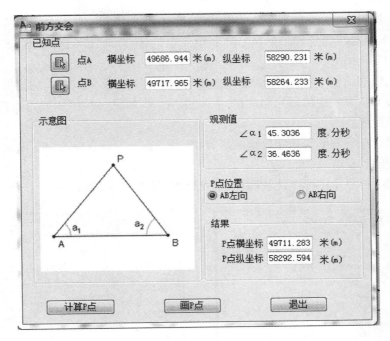

图 4-42　前方交会计算

4-43所示。这些菜单项的基本操作与 AutoCAD 使用方法一致。

图 4-43　"编辑"菜单示意图

（4）显示

"显示"下拉菜单中包括显示顺序、平移、缩放、视口、三维、设置及工具等菜单项，如图 4-44所示。这些菜单项的基本操作与 AutoCAD 使用方法一致。

图 4-44　"显示"菜单示意图

该菜单中的工具子菜单包括工具栏、地物绘制菜单和打开属性图板三个选项。"工具栏"的功能与"toolbar"命令相同，点击该选项即进入"自定义用户界面"对话框。"地物绘制菜单"的基本功能是当右侧屏幕菜单关闭时显示右侧屏幕菜单。"打开属性面板"的基本功能是当左侧属性面板关闭时，打开属性面板，如图 4-45 所示。

CASS 9.1 的图层管理采用了树状形式,按照实体编码来对实体进行树状分类,层次清晰明了,用户批量操作时也更简单。另外一个亮点就是可以将图形进行 CASS 图层和 GIS 图层之间的相互转换。

"常用"选项对话框中有"常用命令""常用地物""常用文字"三选项,它根据使用命令,绘制地物的次数来从多到少的顺序自动排列在此功能处,如果再次使用就可直接在此处直接点击此命令或此地物即可。

双击"信息"选项就能轻松定位到图形有错误的地方,并且直接选中了错误实体,大大提高了图形检查的效率。

"属性"选项可显示图形中地物属性,也可修改,补充属性,如图 4-46 所示。

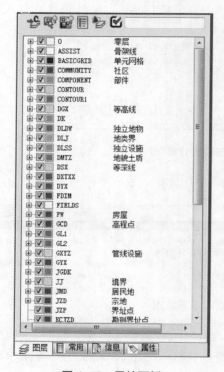

图 4-45 属性面板

图 4-46 "常用"选项对话框

（5）数据

"数据"下拉菜单中包括实体编码、交换文件、导线、读取/转换、修改、GPS 及其他等菜单项,如图 4-47 所示,这些菜单是 CASS 系统获取数据与处理数据功能的重要组成部分,是数据处理与图形绘制的常用功能。

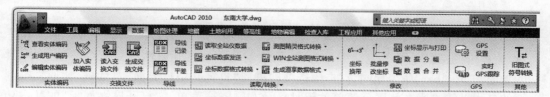

图 4-47 "数据"菜单示意图

"实体编码"菜单包括查看实体编码、编辑实体编码、加入实体编码和生成用户编码四个选项。

例如点击"查看实体编码"选项，命令行提示"选择图形实体"，选择要查看的实体后，回车即显示该图形的编码信息，如图4-48所示。"编辑实体编码"与"加入实体编码"菜单项的操作类似。"生成用户编码"项功能主要为用户使用自己的编码提供可能。

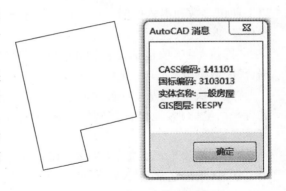

图4-48　查看实体编码

"导线"菜单包括导线记录、导线平差两个选项。

"导线记录"功能是生成一个导线测量观测数据记录文件，用于导线的平差，其记录界面如图4-49所示。导线记录按测站进行，记录内容包括设置导线记录文件名、设置起始测站与定向点坐标与高程（手工或图面捕捉）、设置终止测站与定向点坐标与高程（手工或图面捕捉）、测站观测数据输入（斜距、水平角（左角）、垂直角、仪器高和棱镜高），每输完一站观测数据后点击"插入"按钮，直至最后一站数据输入完成或点击"存盘退出"按钮即可。

"导线平差"选项的功能是对记录的导线测量数据做平差计算，求出导线点的坐标。操作时，点击"导线平差"选项，选择导线记录文件，点击打开，系统自动处理后给出精度信息，如图4-50所示。

图4-49　导线记录

"读取/转换"菜单包括读取全站仪数据、坐标数据发送、坐标数据格式转换、测图

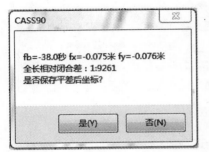

图4-50　导线平差结果

精灵格式转换、WIN全站测图格式转换、生成道享数据格式六个选项。

"读取全站仪数据"选项的功能是将全站仪内存中的数据传入CASS系统中，并形成CASS专用格式的坐标数据文件。这是数字测图中数据输入的一个重要功能菜单，将全站仪与微机连接好后，点击该选项，进入"全站仪内存数据转换"对话框如图4-51所示。首先选择全站仪类型，如图选择南方中文NTS-320，并勾选"联机"选项。第二步设置通讯参数，主要包括通讯口、波特率、数据位、停止位和校检等几个选项设置，注意此时应使全站仪的以上通讯参数和本软件的设置一致。与第三章全站仪通讯、数据传输类似,其他功能与此项操作类似。

"修改"菜单项包括坐标换带、批量修改坐标、数据合并、数据分幅、坐标显示与打印五个选项。

"坐标换带"的基本功能是将坐标文件、图形文件进行平面坐标、大地坐标之间的转换,可批量转换也可单点转换。

"批量修改坐标数据"的基本功能是可以通过加固定常数、乘固定常数、XY 坐标顺序交换三种方法批量地修改所有数据或高程为 0 的数据。

"数据合并"的功能是将不同观测组或不同时间的测量数据文件合并成一个坐标数据文件,以便统一处理。

"数据分幅"的功能是将坐标数据文件按指定范围提取生成一个新的坐标数据文件。

"坐标显示与打印"功能是提供对相关坐标数据文件的查看与编辑。

图 4-51　全站仪内存数据转换

"GPS"菜单项包括 GPS 设置和实时 GPS 跟踪两个选项。

"GPS 设置"的功能是用于 GPS 移动站与 CASS 连接工作时,设置 GPS 信号发送间隔,一般选 1~10 秒,默认值是 3 秒,在命令行输入设置。

"实时 GPS 跟踪"的功能使 CASS 系统能够实时获取 GPS 测量数据,并在图上显示其位置。实际操作时要输入要保存坐标的数据文件名,还要根据命令行提示输入中央子午线经度。

"旧图式符号转换"菜单项的功能是将用 1995 版图式绘制的图形符号,转换成 2007 版图式符号,转换前须存盘。

(6)绘图处理

"绘图处理"下拉菜单中包括显示、高程点、展点、水上成图、快速成图、图幅分幅及其他等菜单项,如图 4-52 所示,该菜单是 CASS 系统数字测图功能重要组成部分,是数据导入与图形绘制常用功能。

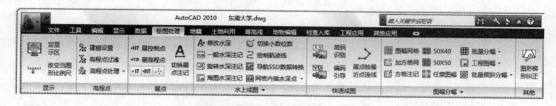

图 4-52　"绘图处理"菜单示意图

"显示"菜单包括定显示区和改变当前图形比例尺两个选项。

"定显示区"菜单选项的功能是根据给定的坐标数据文件定出图形的显示区域。

点击此菜单后,弹出"输入坐标文件对话框",选择输入相关测定区域的野外坐标数据文件后,程序自动求出该测区的最大、最小坐标。然后系统自动将坐标数据文件内所有的点都显示在屏幕显示范围内。

"改变当前图形比例尺"选项的功能根据输入的比例尺调整图形实体,修改符号和文字的大小、线型的比例,并且会根据骨架线重构复杂实体。

点击此菜单后,命令行提示:"输入新比例尺<1∶500>1:",这说明系统当前的比例尺为1∶500,输入新的比例尺(例如1∶1 000)回车后,命令行提示:"是否自动改变符号大小?<1>是<2>否<1>:",默认为"<1>是"选项,响应后回车即可完成改变比例尺设置。

"高程点"菜单包括建模设置、高程点过滤、高程点处理三个选项。

"建模设置"菜单选项的功能是确定某高程点是否参加建模。点击该菜单选项后,按照命令行提示进行操作,即可完成高程点的建模设置。

"高程点过滤"菜单选项的功能是从图上过滤掉距离小于给定条件的高程点,适用于高程点过密情况。高程点过滤有密度和高程值两项过滤参数。其操作如图4-53所示,点击"高程点过滤"菜单选项后,进入"高程点过滤"对话框,输入相应的距离或高程值,点击"确定"按钮即可。

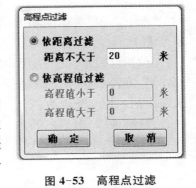

图4-53 高程点过滤

"高程点处理"菜单选项的功能是对高程点进行修改的编辑处理,包括修改高程、打散高程注记、合成打散的高程注记、根据注记修改高程、垂直移动到线上及删除房角处高程点六个选项,如图4-54所示。其操作方法一般为依据命令行提示,输入修改响应参数即可。

"展点"菜单包括展控制点、展高程点、切换展点注记三个选项。

"展控制点"菜单选项的功能是展绘各类控制点符号和注记。

操作方法是点击该菜单选项,进入"展绘控制点"对话框,如图4-55所示,先选择坐标数据文件名,同时勾选控制点类型,如选择三角点,然后点击"确定"按钮即完成该项操作。

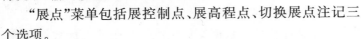

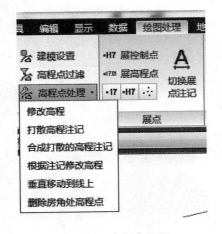

图4-54 高程点处理

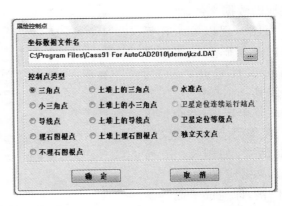

图4-55 展绘控制点

　　"展高程点"菜单选项的功能是展绘高程点位和注记,它包括展野外测点点号、展野外测点代码和野外测点点位三种方式。

　　三种展点方式的操作方法基本相同,现以"展野外测点点号"展点方式为例,介绍操作过程。点击"展野外测点点号"菜单选项,进入"输入坐标数据文件"对话框,选择要展绘的高程点坐标数据文件后,点击"打开"按钮,此时命令行提示:"注记高程点的距离(米):"输入注记距离,回车即可完成此展点操作,结果如图 4-56 所示。

　　"切换展点注记"菜单选项的功能是使展点方式在"点位""点号""代码"和"高程"之间切换,但前提是要先实施这几种方式展点。

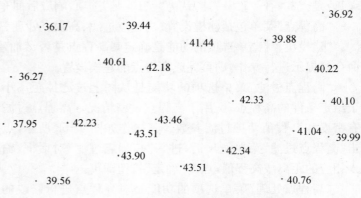

图 4-56　高程点展绘图

　　"水上成图"菜单的功能主要是批量展绘水上高程点,它包括修改水深、一般水深注记、旋转水深注记、海图水深注记、导航 SSD 数据转换、绘制航迹线、网格内插入水深点及切换小数位数八个选项,其操作方法与展高程点操作类似。

　　"快速成图"菜单的功能是实现数据到图形的转换,它包括简码识别、编码引导和展点按最近点连线三个选项,它们是数字绘图功能的重要组成部分。

　　"编码引导"的功能是根据编码引导文件和坐标数据文件生成带简码的坐标数据文件。此项操作时需要提供"坐标数据文件"和"引导文件",所以应先根据草图编辑生成"引导文件"。

　　"简码识别"的功能是根据简编码坐标数据文件转换为 CASS 交换文件及一些辅助数据文件,然后绘出平面图。现以 CASS 系统内的简编码坐标数据文件(演示文件*south. dat)为例介绍其基本操作方法:先点击该菜单选项,系统弹出"输入简编码坐标数据文件名"对话框,如图 4-57 所示,输入相应的文件后按"打开"键,即完成平面图绘制,结果如图 4-58 所示。

图 4-57　"输入简编码坐标数据文件名"对话框

这是 CASS 系统自动绘图的主要功能体现,实现了由数据到图形的转换。

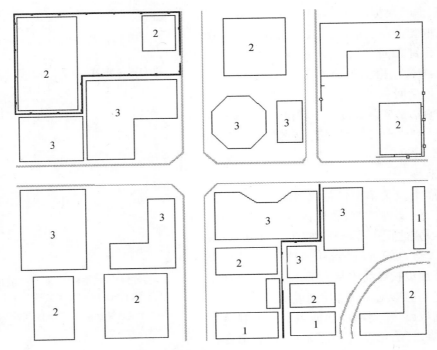

图 4-58　平面图绘制图

　　展点按最近点连线菜单选项的功能是将展绘的野外测点点号,按设定的最小距离进行连线,方便绘图,但不是实际地形点之间的连接关系。具体操作过程是:先将碎部点按点号展点,然后点击该菜单图标,此时命令行提示:"请输入点的最大连线距离(米):<100.000>"输入间距(25),回车后,命令行提示选择对象,框选要连线的点,回车即可完成,如图4-59所示。

　　"图幅分幅"菜单组的功能是进行图幅范围划分,对图外辅助注记信息进行编辑处理。它包括图幅网格、加方格网、方格注记、标准图幅、任意图幅、工程图幅、批量分幅、批量倾斜分幅等菜单选项,经常使用的有标准图幅和工程分幅。

　　标准图幅(50 cm×50 cm)菜单的功能是为标准图幅加图廓和辅助注记信息。具体操作过程是:点击该菜单图标后,进入

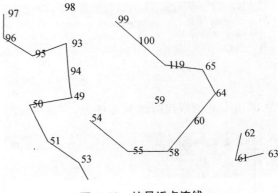

图 4-59　按最近点连线

"图幅整饰"对话框,如图 4-60 所示;编辑图名、接图表等信息,完成图幅左下角坐标等设置,然后点击"确认"按钮即可完成图幅设置。其他菜单选项的操作基本类似。

　　"图形梯形纠正"的功能是改正喷墨式绘图仪的绘制图形误差。

　　喷墨绘图仪出图时,图框的两条竖边可能不一样长,该项菜单的主要功能就是对此进行纠正。操作过程是:点击该菜单图标后命令行提示:"请选择图框:(1)50 * 50 (2)40 * 50

<1>",根据图幅标准回车响应;此时命令行提示:"请选取图框左上角点:"用鼠标精确捕捉图框的左上角键入回车;然后按命令行提示"请输入改正值:(+为压缩,-为扩大)(单位:毫米):"输入改正值后回车即可。

右竖直边的实际长度大于理论长度,输入改正值的符号为"+"以便压缩;反之为"-"表示扩大。

(7)地籍

"地籍"下拉菜单中包括权属线、权属文件、界址点、宗地、属性修改、属性读入/输出、表格、宗地图框及点之记等菜单项,如图4-61所示,该菜单是CASS系统进行地籍图测绘功能重要组成部分,下面以权属线绘制为例介绍其基本使用方法,其他功能参见该软件使用说明。

"绘制权属线"菜单的功能主要是绘制地籍界址线。点击"绘制权属线"菜单图标后,命令行提示输入界址点位置(坐标),输入完成后,回车,进入宗地基本属性信息输入对话框,如图4-62所示,分别填入相关信息后,点击"确定"按钮,即

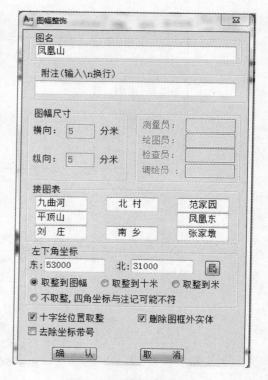

图4-60 图幅整饰

图4-61 "地籍"测量菜单示意图

完成该宗地的权属线绘制与注记,其效果如图4-63所示。

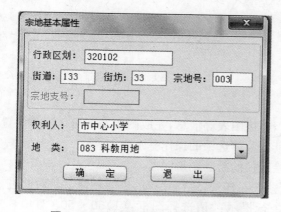

图4-62 宗地基本属性输入对话框

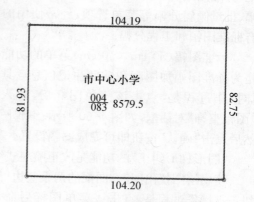

图4-63 宗地权属界线绘制

（8）土地利用

"土地利用"下拉菜单中包括面状行政区、图斑、线状地类、零星地类、检查、统计、境界线、用地界址点、线状用地图框及输入/输出等菜单项,如图 4-64 所示,该菜单是 CASS 系统进行土地利用调查的重要组成部分,下面以绘图生产图斑为例介绍其基本使用方法,其他功能参见该软件使用说明。

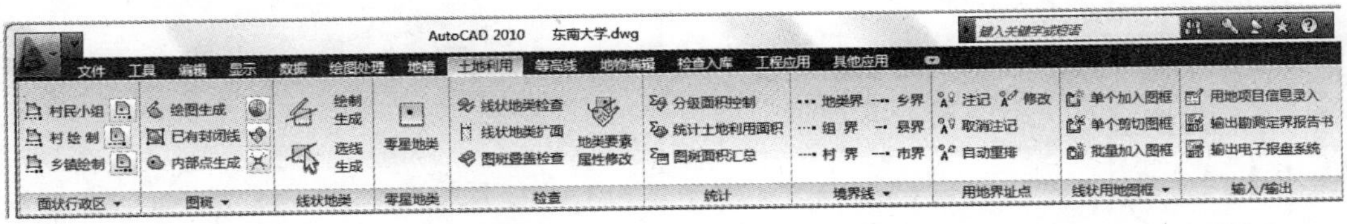

图 4-64 "土地利用"菜单示意图

点击"绘图生成图斑"菜单图标后,命令行提示输入图斑边界点位置(坐标),输入完成后,回车,进入图斑信息输入对话框,如图 4-65 所示,分别填入相关信息后,点击"确定"按钮键,即完成该图斑的绘制与注记,其效果如图 4-66 所示,该图与宗地权属界线图不同,图中没有界址点和边长注记。

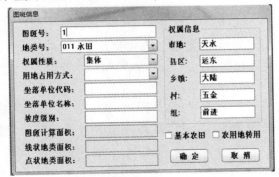

图 4-65 图斑信息对话框

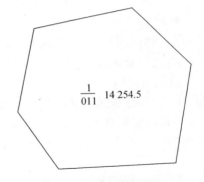

图 4-66 土地利用调查图斑

（9）等高线

"等高线"下拉菜单中包括 DTM、地性线、三角网、等高线、三维模型、坡度分析、国际DEM 转换等菜单项,如图 4-67 所示。该菜单是 CASS 系统软件绘制地形图等高线和处理地貌要素的重要组成部分,通过本菜单可建立数字地面模型,计算并绘制等高线或等深线,处理等高线穿过建筑物、陡坎、高程注记,绘制三维模型,坡度分析和 DEM 转换。下面以高程点数据文件(DGX. dat)为例,介绍绘制等高线的基本步骤,其他功能参见该软件使用说明。

图 4-67 "等高线"菜单示意图

① 建立 DTM

点击"建立 DTM"菜单(或图标),进入"建立 DTM"对话框,如图 4-68,在该对话框中选择"由数据文件生成"建模形式,设置显示结果形式为"显示建三角网结果",然后输入数据文件名,点击"确定"按钮,即完成三角网构网,如图 4-69 所示。

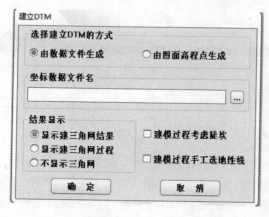

图 4-68　建立 DTM 对话框

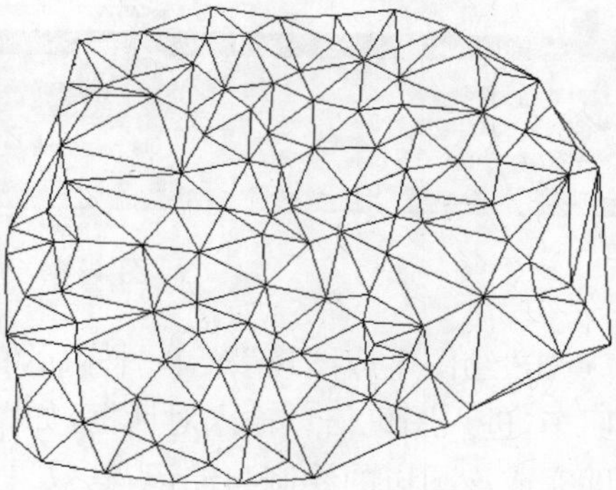

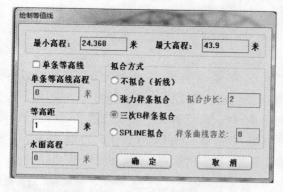

图 4-69　三角网图

② 修改三角网

程序自动构网与地面实际情况会有一定的差别,要通过人机交互方法来重组、删除、过滤三角网,进行修改,以保证三角网符合实际地面情况。修改后,要保存修改结果。

③ 绘制等高线

点击"绘制等高线"图标,即进入"绘制等高线"对话框,如图 4-70 所示,在该对话框中可以设置等高距和拟合方式,例如,设置等高距为 1 米,拟合方式为三次 B 样条拟合,然后点击"确定"按钮,即完成等高线绘制,如图 4-71 所示。

图 4-70　绘制等高线对话框

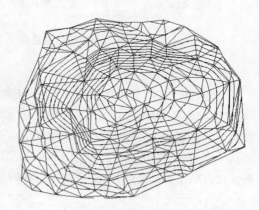

图 4-71　等高线图一

④ 删除三角网、注记高程点

点击删除三角网图标,即可删除三角网。点击绘图菜单中"展绘高程点"完成高程点注记,然后进行等高线(计曲线)注记,最后点击"修剪等高线"菜单,进行等高线修剪,如图 4-72所示,至此,等高线绘制完成。

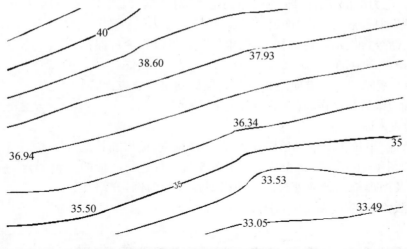

图 4-72 等高线图二(局部)

(10) 地物编辑

"地物编辑"下拉菜单中包括重构、修改、填充、缩放、复合线编辑、图形修改、图形属性转换、窗口修剪及其他等菜单项,如图 4-73 所示。该菜单是 CASS 系统软件绘制地形图地物符号和处理地物要素的重要组成部分,通过本菜单可对地物进行重构、绘制、修改、属性转换、窗口修剪等操作。下面以电力电信符号绘制为例,介绍其基本操作方法,其他功能参见该软件使用说明。

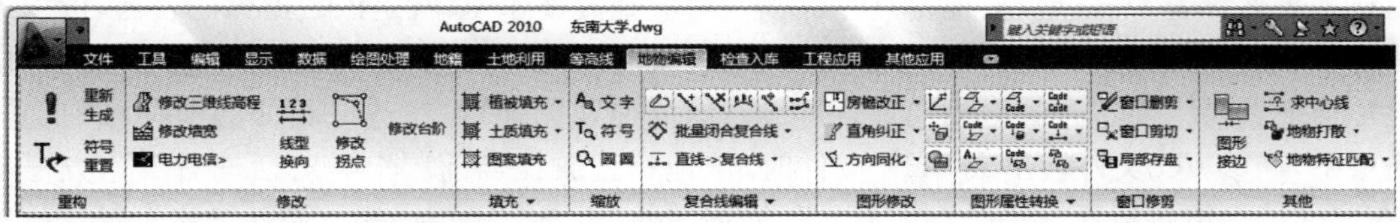

图 4-73 "地物编辑"菜单示意图

如图 4-74 所示,现要在该输电线杆左侧增加输电线符号,其操作步骤如下:

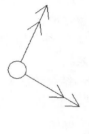

图 4-74 电力电信线编辑

① 点击"电力电信"图标,即进入"电力电信"对话框,如图 4-74 所示,在该对话框中点击"加输电线"图标,然后点击"确定"按钮。

② 根据命令行提示:"请选择电杆、电线架、电线塔、变压器:"用鼠标选择电杆,并回车。

③ 命令行提示:"给一方向终止点",用鼠标确定终止方向,回车,完成加输电线符号操作,其效果如图 4-75 所示。

(11) 检查入库

"检查入库"下拉菜单中包括属性设置、实体检查、输出和其他等菜单项,如图 4-76 所示。该菜单是 CASS 系统软件进行图形的各种检查以及图形格式转换处理。下面以属性设置为例,介绍其基本操作方法,其他功能参见该软件使用说明。

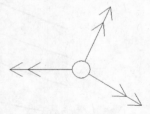

图 4-75 加输电线符号

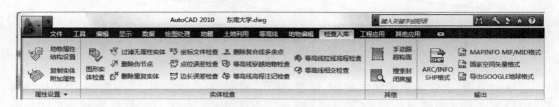

图 4-76 "检查入库"菜单示意图

CASS 软件的"属性结构设置"菜单可以直接在同一个界面上完成定制入库接口的所有工作,极大地方便了 GIS 建库工作。在对话框中有表名称、地物类型、包含地物、表定义等窗口。表名称是符号(地物、地籍)所属层名,对应到数据库中,就是该数据库的表名,可以进行增加或删除数据表。地物类型用于选择地物类型,如图中选择控制点类。包含地物窗口显示当前图层中要包含的地物要素,可以通过"添加""删除"按钮选取具体的地物添加到当前层中,当 DWG 文件转出成 SHP 文件时,该地物就放在当前层上。对话框右下角方框为"表定义",可以进行更改表类型,表说明,增加字段,更新字段等操作。属性结构设置菜单具体操作步骤如下:

① 选择表名称

如图 4-77 中,选择"CTLPT"(控制点)表名称。

② 选择地物类型

点击地物类型下拉菜单,选择"控制点"地物类型,此时窗口显示所有控制点类型。

③ 确定包含地物

通过"添加""删除"按钮选取具体的地物添加到当前层中。

④ 修改表结构

如果需要,结合建库要求,修改表结构,并实时保存。

⑤ 点击"确定"按钮完成属性结构设置。

(12) 工程应用

"工程应用"下拉菜单中包括查询计算、里程文件、土方计算、绘断面图、面积计算和数据文件生成等菜单项,如图 4-78 所示。该菜单可以进行坐标与方位角查询、面积、公路曲线计算、断面图绘制和土方量计算等,是数字地图应用及功能的扩展。菜单如图 4-78 所示。下

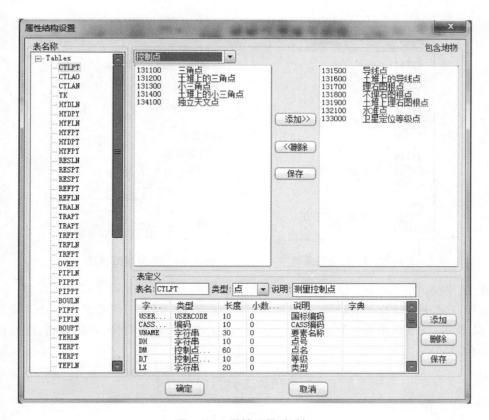

图 4-77 属性设置对话框

面以土方计算为例,介绍其基本操作方法,其他功能参见该软件使用说明。

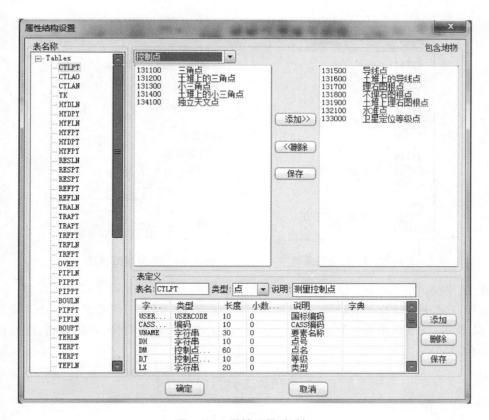

图 4-78 "工程应用"菜单示意图

  利用数字地图进行土方计算是工程测量实践中一项重要内容,CASS 软件提供了较为强大的土方计算功能,包括 DTM 法、断面法、方格法、等高线法及区域土方平衡等计算方法。DTM 法土方计算的基本步骤如下:

  ① 点击 DTM 法土方计算下拉菜单,选择数据获取方式,如图 4-79 所示,本例选择"坐标文件计算"方法。

  ② 命令行提示"选择计算区域边界线",鼠标点击边界线后,命令行提示"输入坐标数据文件",选择坐标数据文件并回车,进入 DTM 土方计算参数设置对话框。

  ③ 设置平场标高和边界采样间距,本例设置平场标高为 33 米,边界采样间距为 20 米,不考虑边坡处理问题,如图 4-80 所示。

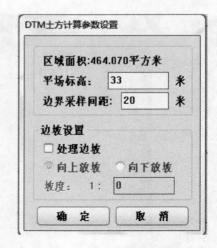

图 4-79　DTM 下拉菜单　　　　图 4-80　DTM 参数设置

④ 成果输出

在"DTM 土方计算参数设置"对话框中点击"确定"按钮后,即可输出土方计算成果,如图 4-81 所示,从成果图表中可以看到平场面积、最小高程、最大高程、平场标高、挖方量、填方量等信息。

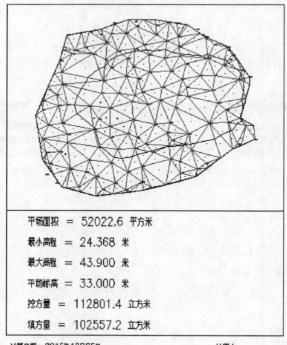

三角网法土石方计算

平场面积　＝　52022.6　平方米

最小高程　＝　24.368　米

最大高程　＝　43.900　米

平场标高　＝　33.000　米

挖方量　＝　112801.4　立方米

填方量　＝　102557.2　立方米

计算日期: 2015年12月25日　　　　　计算人:

图 4-81　DTM 法土方计算成果

（13）其他应用

"工程应用"下拉菜单中包括图幅管理、市政监管信息及其他等菜单项，如图4-82所示。该菜单具有图纸管理、数字市政监管和符号自定义及CASS在线帮助等功能。下面以图幅信息操作为例，介绍其基本操作方法，其他功能参见该软件使用说明。

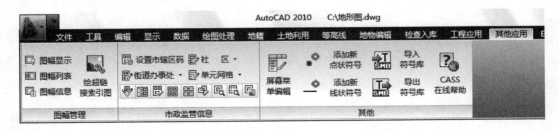

图 4-82 "其他应用"菜单示意图

点击"图幅信息"图标，进入"图纸属性管理"对话框，如图4-83所示，在该对话框中，有三个选项，分别为地名库、图形库和宗地图库。现以图形库为例，介绍其基本操作。点击图形库选项卡后，显示该图形库中管理的所有图幅信息，如图4-83所示，如有O-9、O-10、P-9、P-10四幅图信息，包括每幅图的图号、图名、文件名、左下角坐标及右上角坐标等信息。若要增加管理图幅，先点击"添加"按钮，在记录栏里就增加一条与最后一条记录相同的记录，然后对该记录修改为添加的新图幅信息，用鼠标单击"确定"按钮即完成操作，如图4-83所示，新添加了P-11图幅的相关信息。地名库与宗地图库的操作与此操作类似。

图纸属性管理

地名库	图形库	宗地图库				
图号	图名	文件名	左下坐标X	左下坐标Y	右上坐标X	右上坐标Y
o-10	天河中学	..\DEM...	30000.0	50000.0	30400.0	50500.0
o-9	天河城	..\DEM...	30400.0	50000.0	30800.0	50500.0
P-10	天河小学	..\DEM...	30000.0	50500.0	30400.0	51000.0
P-9	育蕾小区	..\DEM...	30400.0	50500.0	30800.0	51000.0
P-11	光明小区	..\DEM..	30400.0	51000.0	30800.0	51500.0

图号 p-11   图名 光明小区

查找 添加 删除 确定 取消

图 4-83 图形库信息操作

2）CASS实用工具栏

CASS实用工具栏一般位于屏幕左侧，它具有察看实体编码、加入实体编码、查询坐标、注记文字、地物重构、常用地物符号绘制等功能。如图4-84所示，共有18个常用功能，当鼠标位于某图标上时，鼠标的尾部将出现该图标的说明。该工具栏的优点是将图形绘制与编辑的常用功能放在一起,使用方便,提高工作效率。下面以"查看实体编码"菜单操作介绍其使用方法,其他功能参见该软件使用说明。

图 4-84　CASS 实用工具栏

例如屏幕上有埋石图根点,要查看实体的编码及相关信息,点击 CASS 实用工具栏上第一个图标(查看实体编码)后,命令行提示:"选择图形实体<直接回车退出>",用鼠标选择点击埋石图根点,即刻显示该图形实体的相关信息,包括 CASS 编码、国标编码、实体名称、GIS 图层等,如图 4-85 所示。可见其功能与图 4-48 所示"查看实体编码"功能一致。

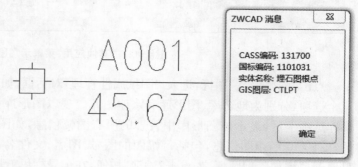

图 4-85　查看实体编码

3) 右侧屏幕菜单及使用

这是一个用于地形图绘制的专用菜单。它有坐标定位、测点点号、电子平板、地物匹配等子菜单。当选择"坐标定位"方式时,其界面如图4-86所示。

"坐标定位"该菜单项的功能包括文字注记、控制点、水系设施、居民地、独立地物、交通设施、管线设施、境界线、地貌土质、植被土质、市政部件。其结构都是采用图标菜单,交互式操作使用十分方便。各菜单操作方法基本相同,现以"居民地"菜单为例介绍其基本用法,其他功能参见该软件使用说明。

"居民地"菜单操作步骤如下:

① 进入居民地绘制菜单

点击"居民地"菜单后,有四个子菜单选项,如图 4-87 所示。

② 进入一般房屋绘制菜单,其界面如图 4-88 所示。

③ 点击"多点一般房屋"图标。

命令行提示:"第一点",用鼠标指定房屋的任意拐角或输入坐标。

此时命令行提示:

"闭合 C/隔一闭合 G/隔一点 J/微导线 A/曲线 Q/编程交会 B/回退 U/〈指定点〉:"

可选其中某一项操作,系统默认操作为输入下一点坐标,具

图 4-86　右侧屏幕菜单

体操作与多功能复合线的操作相同。

④ 输入最后一房屋点后，选择闭合选项，即可完成一般房屋的绘制。

图 4-87 "居民地"子菜单

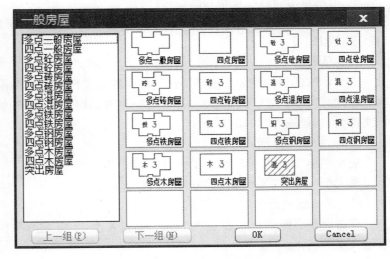

图 4-88 "一般房屋"子菜单

4.3.4 CASS 系统数字化成图的作业过程

CASS 系统提供了"草图法""简码法"（简码见附录 B5）、"电子平板法"和"原图数字化成图"等多种成图作业模式。本节主要介绍内外业一体化"草图法"的成图作业过程。内容包括碎部点坐标文件的建立与读入、定显示区、设置成图比例尺、展绘碎部点（高程点）、图形（地物、地貌）编辑与符号配置、图廓整饰、出图等。

（1）坐标数据文件的建立与读入

坐标数据文件的建立可以采用全站仪或 RTK 进行外业数据采集，收集地物属性及连接信息的方法来建立，其文件名格式为 ****.dat。

全站仪采集的数据文件的读入，可采用 CASS 成图软件"读取全站仪数据"菜单的功能直接完成，操作步骤如下：

① 连接计算机和全站仪

用全站仪的数据传输线连接计算机。

② 进入数据传输菜单

启动 CASS 软件，在"数据"下拉菜单中点击"读取全站仪数据"菜单图标，进入"全站仪内存数据转换"对话框，如图 4-51 所示。

③ 选择仪器类型

在"仪器"下拉列表中选择相应的全站仪，点击鼠标左键确定，如图选择"南方中文NTS-320 坐标"。

④ 设置通讯参数

设置通讯参数包括通讯口、波特率、检验、数据位、停止位等。

⑤ 输入 CASS 坐标文件名和路径

在对话框最下面的空白栏里输入您想要保存的文件名,文件名应以 ＊＊＊＊.dat 形式命名,例如,本例文件名为 2015-12.dat;并要输入完整的路径,本例的路径为"d:\样题\"。

⑥ 最后点击"转换"按钮,完成数据传输

在点击"转换"按钮时,系统会提示"先在微机上回车,然后在全站仪上回车!",然后点击"确定"按钮即可。

(2) 显示区

定显示区的目的是为了把屏幕窗口定在数据文件确定的范围内,以便于作图与图形编辑。在选择"定显示区"菜单项后,即出现一个对话窗如图 4-89 所示,此时要求输入坐标数据文件名,本题输入"2015-12.dat"。

这时,命令区显示:

最小坐标(米):$X=5.763$,$Y=131.664$

最大坐标(米):$X=142.476$,$Y=304.626$

(3) 选择测点点号定位成图法

点击屏幕右侧菜单区之"点号定位"项,进入图 4-89 输入坐标数据文件名对话框,按要求输入文件名,命令区提示:

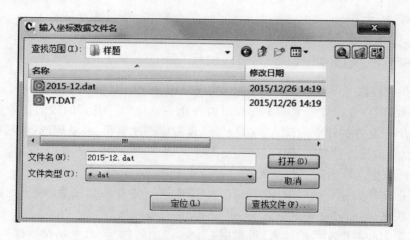

图 4-89　输入坐标数据文件名对话框

读点完成! 共读入 72 点。

(4) 设置成图比例尺

选择绘图处理菜单下的设置成图比例尺子菜单,在命令行输入成图比例尺分母即可,本题设置成图比例尺为 1∶1 000。

(5) 展绘碎部点

选择绘图处理菜单下的"展点"子菜单,据对话框提示选择坐标文件读入即可。本例"2015-12.dat"文件展点后如图 4-90 所示。

(6) 图形(地物、地貌)编辑与符号配置

选择地物编辑和右侧屏幕菜单的相应功能,对已绘平面图进行编辑,调整高程点的位置,处理图面上的问题,增加属性注记、配置面积符号使其符合出图标准。

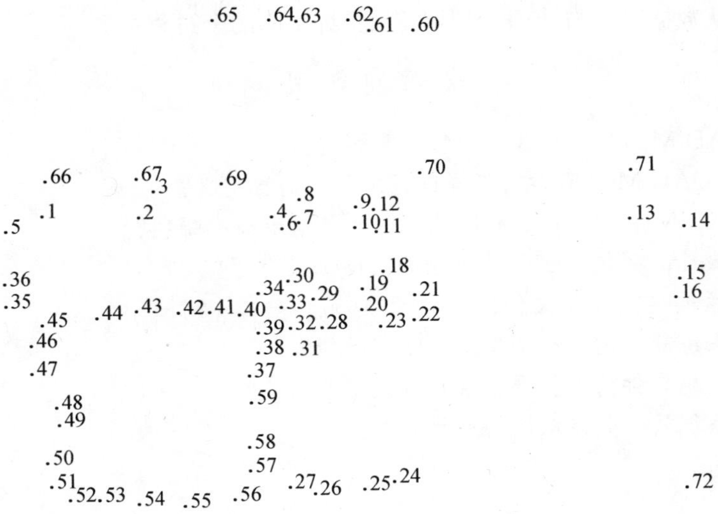

.65 .64.63 .62.61 .60
.66 .67.3 .69 .70 .71
.5 .1 .2 .4.6.7 .8 .9.12 .10.11 .13 .14
.36 .35 .45 .46 .47 .44 .43 .42.41.40 .34.30 .33.29 .39.32.28 .38 .31 .37 .18 .19 .20 .21 .23 .22 .15 .16
.48 .49 .59 .58 .57 .50 .51 .52.53 .54 .55 .56 .27.26 .25.24 .72

图 4-90　碎部点示意图

现以房屋为例介绍其绘制方法，如图 4-90 所示，1、2、67、66 为房屋的四个角点，3、4、64、65、69、68 是另一房屋的 6 个角点，绘制其图形时，点击右侧屏幕菜单的“居民地”菜单，进入“一般房屋”的子菜单对话框，根据地物草图确定房屋类型，例如选择“四点房屋”菜单，回车，绘图步骤为：

① 命令行显示：已知三点/2. 已知两点及宽度/3. 已知四点＜1＞：输入 3，回车。

② 命令行提示：鼠标定点 P/＜点号＞1，回车。

③ 依次输入其他三点的点号，回车即可完成四点房屋的绘制。

④ 同样方法绘制其他房屋，点号输入时注意同一方向顺序，多于四点时，选择“多点房子”菜单，绘制完成后。效果如图 4-91 所示。

64 63
65
62 60
61
66 67
1 68 69
23
4 8 7 6
70 71
9 12 13
10 11

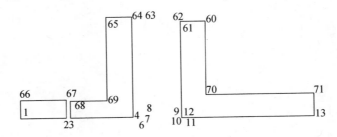

图 4-91　房屋绘制

道路、池塘、陡坎与斜坡、植被等其他地物的绘制方法类似，通过相应的菜单进行操作即可完成。等高线的绘制可参考本节前面介绍方法来完成。

(7) 图廓整饰

在完成图形编辑后，应增加图廓及图廓内外注记信息。包括图名、图号、比例尺、成图时间、坐标系统、高程基准、图式标准等。

(8) 成果输出

完成图廓整饰后，用“purge”命令清除图内的废点、废块等，然后存盘或用绘图仪出图。

这样就完成了从数据采集与处理、图形编辑、整饰出图的全过程。

思考题与习题

1. AutoCAD Map 3D 2013 功能特点有哪些?
2. 在 AutoCAD Map 3D 中,怎样进行工具栏的自定义?
3. AutoCAD Map 3D 2013 绘制地形图的基本步骤有哪些?
4. MicroStation 系统主工具箱包含的绘图工具有哪些?
5. 简述建立自定义种子文件的一般步骤。
6. CASS 系统软件的下拉菜单包括哪些功能?
7. CASS 系统软件的右侧屏幕菜单包括哪些功能?
8. CASS 系统软件数字测图的步骤有哪些?

5 数字测图软件开发

为了满足数字地图图形生成与编辑的相关要求,对通用绘图软件进行二次开发是十分有效的方法。本章介绍 AutoCAD Map 3D 绘图系统二次开发的相关知识,包括常用测量绘图程序编程与应用、Visual LISP、VBA、ObjectARX 及 .NET 开发技术等内容。

5.1 数字测图软件开发概述

5.1.1 数字测图软件的功能要求

在第一章中已经提到,数字测图系统包括硬件和软件两大部分,其中数字测图的软件则是图形生成的关键,它应该具有对地形数据进行采集、输入与处理,并实行数图转换、图形编辑、修改及管理的综合功能。所以,一个较完善的数字测图系统应该具有以下基本功能:

(1) 灵活的数据采集与输入方式

该功能要求系统软件能够接受多源数据输入,按照目前的数据采集方式,应能支持全站仪、GPS 采集的数据,也应能支持卫片、航片等参考文件数据。

(2) 有较强的数图转换功能

该功能要求系统软件能够根据碎部点数据文件,将典型地物、地貌能实现自动化符号配置,实现自动的数据到图形转换,如路灯、井盖、等高线等的自动绘制。

(3) 实用、方便的图形编辑与检查功能

为了方便、高效地编辑图形,应具有相应的图形编辑功能,如复制、平移、旋转、缩放、文本编辑、线条编辑、图面自动查错等功能。

(4) 较强的图形管理功能

数字地图涉及的要素多,系统应具有较强的图形管理功能,包括图层设置、线型设置、字体的创建与管理、属性统计等实用功能。

(5) 有符合国家制图标准的符号库

系统应有符合国家制图标准的符号库,对于大比例尺地形图,应根据《1∶500　1∶1 000　1∶2 000 地形图图式》(GB/T 20257.1—2007)标准定制符号库。

(6) 有多种的成果输出形式,便于数据交换。

系统应具有图形、文本、矢量与栅格数据输出与转换接口,以满足与其他相关系统(软件)的数据交换,扩展系统的应用范围,例如,现在多数软件都应有可以输出常见的 GIS 数据格式,如 shp 和 mif/mid 等数据文件的功能。

另外,在图形编辑完成后,系统应提供保存、绘制与打印输出等功能,所以,要能支持绘图仪、打印机等外设。

5.1.2　数字测图软件的开发方法

数字测图系统软件的开发方法主要有两类：一类是自主开发的数字测图系统软件，如EPSW 电子平板测图系统、瑞得测图系统等；另一类是以 AutoCAD(Map 3D)等系统为平台二次开发的测图系统软件，如 CASS 测图系统等。

自主系统开发，是从底层开始，要从系统架构设计、功能定位、工作流程确定及系统的实现方式等方面进行综合考虑，需要一定的人力、财力的投入，技术难度较大。

二次开发测图系统软件，是以某一制图系统为平台，对其进行功能的开发，其主要目的是针对行业要求，进行特定的功能开发，如数据处理、图形信息管理、符号库等内容的开发，一般不涉及系统的架构设计，其技术难度要低。本章介绍以 AutoCAD Map 3D 为基础平台的数字测图软件功能开发方法，用户自定义文件和线型的定义可参考相应的系统使用说明。

5.1.3　AutoCAD Map 3D 开发环境

AutoCAD Map 3D 的 API（Application Programming Interface，应用程序编程接口）包括 ActiveX、AutoLISP、ObjectARX、地理空间平台和 FDO（Feature Data Objects）。ObjectARX 和 FDO 提供了 C++和.NET 两种类型的 API。地理空间平台只提供.NET 类型的 API。

1）Visual LISP 集成开发环境

在 AutoCAD Map 3D 中仍然保留了 Visual LISP 集成开发环境（IDE），使用户可以更方便地对其进行二次开发，其界面如图 5-1 所示。

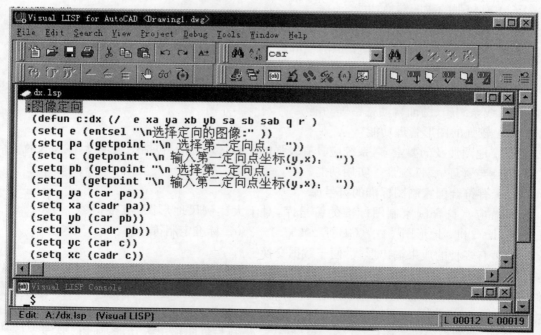

图 5-1　Visual LISP 集成开发环境

　　AutoLISP 是 AutoCAD 内嵌的一种解释语言。它是一种很好的交互式语言,很适用于 CAD 这类交互性很强的应用软件。LISP 语言的特点是程序和数据都采用符号表达式的形式,即一个 LISP 程序可以把另一个 LISP 程序作为它的数据进行处理。因此使用 LISP 语言编程十分灵活,看起来,是一个一个的函数调用。利用 AutoLISP 开发 AutoCAD 的一个典型应用是实现参数化绘图的程序设计。利用参数化绘图方法可以在较短的时间里快速、高质量地完成多方案对比设计,也可建立各种零部件的图形库,给出一些必要的参数即可直接绘出图形,由此可见 AutoLISP 的强大功能之所在。

　　随着计算机技术的发展,AutoCAD 编程更加复杂,代码越来越庞大,AutoLISP 的缺点亦越来越明显。主要表现是:功能单一,综合处理能力差;解释执行、程序运行速度慢;缺乏很好的保护机制,软件质量不易保证。

　　Visual LISP 是 AutoLISP 的换代产品,它与 AutoLISP 完全兼容,并提供它所有的功能,同时它能访问新的多文档设计环境、COM/ActiveX 用户界面、事件响应器等。Visual LISP 同时提供了新的编程环境。该环境提供括号匹配、跟踪调试、源代码和语法检查等工具,方便了创建和调试 LISP 程序。

　　用户和开发者可以充分利用完全集成在 AutoCAD 内部的 LISP 开发环境。作为一个完整的用户化开发环境,Visual LISP 可以迅速而方便地建立自己的高效解决方案。

　　2) VBA 集成开发环境(ActiveX)

　　VBA(Microsoft Visual Basic for Applications)在集成开发环境中提供了高质量的用户化编程能力。它能够使得 AutoCAD 数据与其他 VBA 应用程序直接共享,如 Microsoft word Office 等软件。最重要的是 VBA 的加入,扩展了 AutoCAD 集成用户化工具的集成能力。它集成了 AutoLISP、Visual LISP 和 ObjectARX API 等工具。VBA 开发技术具有编程环境简单易用、程序界面构造方便、程序执行速度快、工程独立或嵌套灵活等优点,在 AutoCAD Map 3D 中仍然可以使用 VBA 集成开发环境,如图 5-2 所示。

　　3) ObjectARX 开发技术

　　ObjectARX 是 AutoCAD Runtime eXtension(AutoCAD 实时运行扩展)的缩写,是 AutoCAD R13 之后推出的一个全新的面向对象的开发环境,也是 AutoCAD 第一次直接提供面向对象的二次开发工具。ARX 程序可以监控和处理 AutoCAD 的各种事件,可以定义 AutoCAD 命令,包括可以透明执行的命令。ARX 应用程序本身是 AutoCAD 的一部分,即被 ACAD. EXE 调用的动态链接库(DLL),拥有同 AutoCAD 一样的内存地址空间,直接访问 AutoCAD 的各种内存对象。而过去 AutoLISP 和 ADS 都是通过函数间接地访问 AutoCAD。实现了面向对象的编程。

　　AutoCAD Map 3D ObjectARX 是基于 AutoCAD® ObjectARX,它提供了 C++和.NET 两种类型的 API。

　　4) 其他开发环境

　　AutoCAD Map 3D 还提供了地理空间平台、FDO (Feature Data Objects)和工作流 API。

　　FDO API 解决 AutoCAD Map 3D 和其他系统数据连接(通讯)问题。

　　AutoCAD Map 3D 2008 版本以后引入了地理空间平台 API,用户可以使用它进行二次开发,编写相应的 GIS 应用程序来管理空间数据。

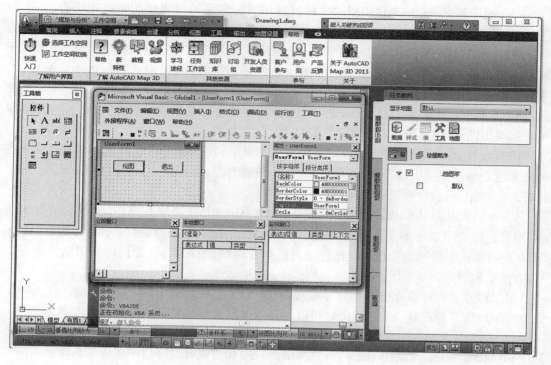

图 5-2 VBA 开发环境

AutoCAD Map 3D 2010 版本,添加了工作流(Workflow)这一新功能,它将大量繁琐重复性作业交给工作流来完成。

AutoCAD Map 3D 中的大部分组件也都可以由用户自己定义或定制,其方法和步骤与 AutoCAD 的用户自己定义或定制基本相同。本章下面主要介绍 Visual LISP 开发技术、VBA 开发技术、ObjectARX 开发技术及 .NET 开发技术进行二次开发的基本知识。

5.2 Visual LISP 开发技术

Visual LISP 语言是 Auto CAD 提供给用户的主要开发工具之一。用 LISP 语言编写程序,可以直接对 AutoCAD 当前图形文件的图形数据库进行访问和修改,为 AutoCAD 增加新的命令、扩充新功能、实现参数化绘图。下面主要介绍 Visual LISP 语言的基本语法规则、函数的定义与使用方法等内容。

5.2.1 Visual LISP 语言的变量与数据类型

每种语言都有自己特定的数据类型、程序格式、表达式结构等规定。在 Visual LISP 语言中,包括以下变量和数据类型:

1) Visual LISP 支持的变量

Visual LISP 支持 AutoCAD 系统变量和 Visual LISP 变量。

AutoCAD 系统变量是系统本身定义的用于控制绘图系统某种状态的变量。它们可以在 AutoCAD 的命令提示符下直接输入变量名进行修改,也可以在 Visual LISP 程序中引用或修改。

Visual LISP 变量是用户在程序中定义的变量,它可以赋予不同类型的值,也可在程序运行中根据需要进行修改。

2) Visual LISP 支持数据类型

(1) 整型数(INT)

它可由 0,1,2,…,9,+,- 共 12 个字符组成,不包括小数点。Visual LISP 支持的整数是 32 位,取值范围为 +2147483647 到 -2147483648。

例如:1233,-123,+4563 等是合法的整型数,而 76A,100-2,88.23 等则是非法的整型数。

注意:getint 函数只能接受 16 位的数,取值范围为 +32767 到 -32768。

(2) 实型数(REAL)

实型数是带有小数点的数,它可由 0,1,2,…,9,.,+,-,E,e 共 15 个字符组成。有两种表示法,即十进制表示法和科学计数表示法。例如:

十进制表示法　　　　　　2 125.23

科学计数表示法　　　　　6.15E4 (61 500)

在 Visual LISP 中实数用双精度浮点数表示,至少有 15 位有效精度。

例如:88.96,-345,779,0.003 等是合法的实型数,而 76A3,+100-2 等则是非法的实型数。

(3) 符号(SYM)

在其他高级语言中,符号或变量需要事先定义,并且使用中不能互换,但 Visual LISP 中符号用于存储数据,因此"符号"和"变量"这两个词含义相同,可以互相交换使用。符号名可以由除下列 6 个字符外的任何可以打印的字符序列来组成:

$$"(",")","." , "'","""",";"$$

当这 6 个字符中的任一字符在符号名中出现时,将终止符号名。

在 Visual LISP 中符号的大小写是等价的,例如:ABCD,abcd,AbcD 都表示同一个符号名。符号名的长度不限,因此用户可以方便地取有含义的符号名,以便于阅读和理解。

例如:A88,66B,ABC-B,ACB? 等是合法的符号,而(A3,25.6,A;B 等则是非法的符号。

(4) 字符串型(STR)

字符串又称字符串常数,由一对双引号括起来的字符串列组成。在字符串中,同一字母的大小写认为是不同的字符,空格是一个有意义的字符。

例如:"ABCGDEFG","abcdefg","234ABC-B"等是合法的符号。

(5) 表(LIST)

所谓表是指在一对相匹配的左、右圆括号之间元素的有序集合。表中的每一项称为表的元素,表中的元素可以是整数、实数、字符串、符号,也可以是另一个表。元素之间要用空格隔开,元素和括号之间不用隔开。例如:

(setq p1 (getpoint "\n 输入高程点位置:"))

上表中有三个元素,即 setq、p1 、(getpoint "\n 输入高程点位置:"),其中第三个也是一个表,表可以嵌套,从外往里依次称为0层、1层、2层、……。

表的大小用其长度来度量。长度是指表中顶层元素的个数。

如果表中没有任何元素,则称为空表,在AutoLISP中用NIL或()表示。

表有两种基本类型:标准表和引用表。

标准表是从左括号("(")开始到配对的右括号(")")结束。对于标准表中的第一个元素(0号元素)必须是一个合法的已存在的系统内部函数或用户定义函数。AutoCAD将按照此函数的功能,完成其操作。例如,下面算术函数的调用,即采用标准表形式。

(- 6 3)

表中第一个元素"-"为系统内部定义的减函数,6、3为相应的运算数据(元素)。

引用表常用来存储数据,表中第一个元素不是函数,一般用定义方法产生。

例如,为了处理图形中点的坐标,AutoLISP对二维和三维点的坐标按如下规则表示:

两个实数所构成的表(100 200);可以作为二维点坐标。

三个实数所构成的表(100 200 1);可以作为三维点坐标。

引用表一般不对其求值,是在左括号前方加一撇号,表示不对此表作求值处理。

(6) 文件描述符(FILE)

当Visual LISP打开一个文件时,系统将给该文件赋一个数字标号,相当于其他高级语言的文件号,在以后要访问该文件时(读该文件或写该文件),可利用该文件描述符对指定的文件进行操作。

下面的例子打开一个名为"myfile. dat"的文件,把打开文件时的文件描述符赋给符号,再把"This is a sample under AutoLISP. "写入该文件。

```
(setq f(Open"myfile. dat" "w"))

(print"This is a sample under AutoLISP. " f )
```

元素setq——赋值函数

元素f——符号名,用于存放文件描述符

元素(Open"myfile. dat" "w")——表,该表为一个表达式,其执行结果由该表的第一个元素open(打开文件函数)确定,f是一个文件描述符,本例中该表执行的结果是使符号f得到约束其值为文件名"myfile. dat"的文件描述符。

第二句是把字符串"This is a sample under AutoLISP."输出到文件描述符f所表示的文件(myfile. dat)中。

(7) 内部函数(SUBR)

由AutoLISP提供的函数称为子程序,也称为内部函数。它包括算术运算函数、字符串函数、表处理函数、条件函数、图形处理函数、实体处理函数、输入输出函数等。

ADS或ARX应用程序定义的子程序称为外部子程序,即外部函数。

(8) AutoCAD选择集(PICKSET)

选择集是一个或多个实体的集合,类似AutoCAD的实体选择过程,在AutoLISP程序中也可以构造一个选择集,并给它赋予一个符号供其他函数使用。例如创建一个选择集,该选择集由最近所选择的对象组成,把这个选择集赋给变量slect:

```
(setq slect(ssget "p"))
```

其返回值(即slect的值)可能是〈selection:2〉,其中的数值随不同的选择而变化。

（9）AutoCAD 实体名（ENAME）

实体名是 AutoCAD 系统在绘图过程中赋予所绘实体的一个数字标号。确切地说,它是指向一个 AutoCAD 系统内部的数据文件的一个指针,利用它 AutoLISP 可以查找到实体的数据库记录,并对实体进行各种方式的处理。下面的例子把最后绘制的一个实体用符号"elast"来表示。

（setq elast(entlast)）

执行后的返回值可能是〈Entity name：*******〉。它代表最后一个实体名 elast 的约束值。

5.2.2　简单 Visual LISP 程序结构介绍

Visual LISP 程序没有语句的概念,一律采用标准表的形式构成。下面是一个 lisp 程序,程序名为"jlfw. lsp";由一系列符号表达式组成,它是一个获取两点间距离与方位角的lisp 计算程序。为了叙述方便,在每一行前加上序号。

① （defun jlfw（ / pa pb sab angl）
② （setq pa（getpoint "\n 选择第一点："）
③ 　　（pb（getpoint "\n 选择第二点："））
④ （setq sab（distance pa pb）;计算两点间距离
⑤ 　　（ang1（angle pa pb））;计算两点间方位角
⑥ （princ sab ）（princ ang1 ）
⑦ ）

①、⑦两行是该段程序的开始和结束。其中"defun jlfw()"是定义了 jlfw 函数,")"是该段程序的结束标志;②、③行完成 pa、pb 个变量的输入;④、⑤行完成距离与方位角计算;⑥行显示结果。

由上例可以看出,Visual LISP 程序结构有以下特点:

（1）lisp 函数必须位于表中的第一位置;

（2）一行可以写多个标准表,如⑥行所示;也可以一个标准表分几行书写,如②、③行和④、⑤行;

（3）注释语句用英文";"标示,一般在本行的末尾处;

（4）Defun 为系统内部函数,pa、pb、sab、ang1 为其局部变量,也可以有形参;

（5）变量不区分大小写;

（6）Visual LISP 程序的扩展名为". LSP",程序代码以 ACSII 码文本文件形式保存。

5.2.3　Visual LISP 的常用函数

Visual LISP 函数分为内部函数和用户定义的外部函数,它对 Auto LISP 进行了扩展,增加了新的功能及新函数,扩大了应用范畴。学习 Visual LISP 语言,重点要掌握这些函数的应用,本章限于篇幅,只对其常用函数进行简要介绍。其常用函数包括赋值函数、数学函数、符号操作函数、字符串处理函数、表处理函数、函数处理函数、出错处理函数及应用程序管理函数等。Visual LISP 语言调用函数是通过标准表来实现的,其格式如下:

（ 函数名 [〈参数 1〉][〈参数 2〉]…[〈参数 n〉]）

表中第一元素必须是函数名,后面的各元素是该函数的参数,可以为具体数字符号,也可以是其他函数,参数的类型与多少取决于相应的函数。

1)赋值函数

格式:(setq 符号1 表达式1 符号2 表达式2…)与(set 符号 表达式)

功能:将表达式的值赋给符号

setq 函数是基本赋值函数,它将表达式的值赋给符号,并可同时将多个表达式的值分别赋给多个符号。

例如:(setq a 8.0)

   返回8.0,并将符号 a 的值置为8.0

     (setq a 5.0 b 35)

   返回35,并将符号 a 的值置为5.0,b 的值置为35

set 函数也将表达式的值赋给符号,但它与 setq 函数有以下区别:

①set 函数对第一个变元(符号)进行计算,并可将一个新值间接赋给另一个符号,而 setq 则不然。下面的例子可以说明这一点。

     (setq a 'b)将变量名 b 赋给变量 a

     (set a 100)返回100,且 b 的值也为100

②若将 set 函数的第一个变元加上引用符号,则等价于 setq 函数。例如:

     (set 'a 3.0)等价于(setq a 3.0)

2)数学计算函数

常用的数学计算函数的使用方法如下:

(1)加函数

格式:(+ 数$_1$ 数$_2$…)

功能:该函数返回所有数的总和。

例如:(+ 3.8 9.2 4.5)   返回17.5

(2)减函数

格式:(- 数$_1$ 数$_2$…)

功能:该函数用第一个数减去后面所有的数。

例如:(- 2.7 3.9 4)   返回-5.2

(3)乘函数

格式:(* 数$_1$ 数$_2$…)

功能:该函数返回所有数的乘积。

例如:(* 2.7 3)   返回8.1

(4)除函数

格式:(/ 数$_1$ 数$_2$…)

功能:该函数用第一个数除以后面所有的数。

例如:(/ 24 2 3.0)   返回4.0

(5)加1函数

格式:(1+ 数)

功能:该函数返回后面的数加1的结果。

例如:(1+ －5.7)　　　　返回－4.7

(6)减1函数

格式:(1－ 数)

功能:该函数返回后面的数减1的结果。

例如:(1－ －6)　　　　返回－7

(7)求绝对值函数

格式:(abs 数)

功能:该函数返回数的绝对值。

例如:(abs －60)返回60

(8)求最大值函数

格式:(max 数 数 …)

功能:该函数返回后面数中的最大的数。

例如:(max －30.1 40.0 25.0)　　返回40.0

(9)求最小值函数

格式:(min 数 数…)

功能:该函数返回后面数中的最小的数。

例如:(min －150 200 130)　　　返回－150

(10)平方根函数

格式:(sqrt 数)

功能:该函数返回数的平方根,该平方根为实数。

例如:(sqrt 36)　　　返回6

(11)乘方函数

格式:(expt 数 数)

功能:该函数返回底数的幂次方。

例如:(expt 4.0 2)　　　　返回16.0

(12)求e的任意次方函数

格式:(exp 幂)

功能:该函数返回e的幂次方,其结果为实数。

例如:(exp 3.2)　　　返回24.532 5

(13)对数函数

格式:(log 数)

功能:该函数返回数的自然对数,其结果为实数。

例如:(log 5.5)　　　　返回1.704 75

(14)正弦函数

格式:(sin 角度)

功能:该函数返回"角度"的正弦值,其中"角度"以弧度表示。

例如:(sin 1.0)　　　返回0.841 471

(15)余弦函数

格式:(cos 角度)

功能:该函数返回"角度"的余弦值,其中"角度"以弧度表示。

例如:(cos 0.0)   返回 1.0

(16) 反正切函数(atan 数 1 数 2)

格式:(atan 数 1 数 2)

功能:若仅有数 1,该函数返回其反正切值,单位为弧度。若有数 1 与数 2,则该函数返回数 1 除以数 2 的反正切值。

例如:(atan 1.0 2.0)   返回 0.463648

3) 字符串处理与类型转换函数

(1) ASCII 码转换函数

格式:(ascii 字符串)

功能:该函数返回字符串中第一个字符的 ASCII 码。

例如:(ascii "G")   返回 71

(2) 字符转换函数

格式:(chr 整数)

功能:该函数将"整数"代表的 ASCII 码转换为字符。

例如:(chr 66)   返回 "B"

(3) 字符串连接函数

格式:(strcat 字符串…)

功能:该函数将其后面的所有字符串连接在一起,并返回连接后的结果。

例如:(strcat "a""bout")   返回 about

(4) 字符串长度函数

格式:(strlen 字符串…)

功能:该函数返回字符串的长度,其结果为整数。

例如:(strlen "about")   返回 5

(5) 求子字符串函数

格式:(substr 字符串 起点 长度)

功能:该函数返回字符串的一个子串,该子串从字符串中"起点"为止开始,连续取"长度"个字符。例如:(substr "about" 2 1)   返回 b

(6) 字符串大小写函数

格式:(strcase 字符串 [方式])

功能:该函数根据第二个变元(方式)的要求把字符串的全部字母转换为大写字母或小写字母,并返回结果。若指定了"方式"且非空(NIL),则把所有字母转换为小写;否则转换为大写。

例如:(strcase "sample" T)   返回 "sample"

　　(strcase "sample")   返回 "SAMPLE"

(7) 整型变实型函数

格式:(float 数)

功能:该函数将"数"转换为实型数,并返回结果。数可以是整型或实型的。

例如:(float6)   返回 6.0

（8）实型变整型函数

格式：（fix 数）

功能：该函数将"数"（实型或整型）转换为整型数，并返回结果。

例如：（fix 7.5）　　　　　　　　　　返回 7

（9）整型变字符串函数

格式：（itoa 整型数）

功能：该函数将整型数转换为字符串，并返回结果。

例如：（itoa78）　　　　　　　　　　返回"78"

（10）字符串变整型数函数

格式：（atoi 字符串）

功能：该函数将字符串转换为整型数，并返回结果。

例如：（atoi "2015"）　　　　　　　　返回 2015

（11）字符串变实型数函数

格式：（atof 字符串）

功能：该函数将字符串转换为实型数，并返回结果。

例如：（atof "2015"）　　　　　　　　返回 2015.0

（12）实型数计数制转换函数

格式：（rtos 数 方式 精度）

功能：该函数对"数"按"方式"和"精度"的要求进行计数制的转换，并以字符串的形式返回。其中，"精度"表示小数点后的位数；"方式"则按如下约定：1 为科学计数法，2 为十进制，3 为工程制（英寸与小数英寸），4 为建筑制（英寸与分数英寸）。

例如：：（rtos 18.4567 2 3）　　　　　　返回"18.457"

（13）角度单位制转换函数

格式：（angtos 角值 方式 精度）

功能：该函数将"角值"（实型数，单位为弧度）转换为其他单位制，并返回一个字符串。该字符串是根据"方式"和"精度"的要求，按 AutoCAD 的系统变量 UNITMODE（单位模式）对"角值"进行处理所得到的。其中"精度"表示小数点后的位数；"方式"则按如下约定：0 为度，1 为度/分/秒，2 为梯度，3 为弧度等。

例如：（angtos 1.369 1 6 ）　　　　　　返回 "78 d 26'16.52"

（14）单位制转换函数

格式：（cvunit 值 旧单位 新单位）

功能：该函数将"值"从一个计量单位转换到另一个，并返回转换后的值，要换算的数值或点表（二维或三维点）。其中，"旧单位"与"新单位"的名称可以是 acad. unt 文件中给出的任何单位格式，否则函数将返回 NIL。

例如：（cvunit 1 "m" "inch"）　　　　　返回 39.3701

　　　（cvunit '(1.0 2.5) "m" "in"）　　　返回(39.3701 98.4252) ;点表转换

　　　（cvunit 1 "minute" "second"）　　返回 60.0

（15）坐标系转换函数

格式：（trans 点 旧坐标系 新坐标系）

功能:该函数将"点"从一个坐标系统转换到另一个坐标系统,并返回转换后的值。其中,"点"是包含其三个坐标值的一张表,"旧坐标系"是点所在的坐标系统,"新坐标系"是点所要转换到的那个坐标系统。这两个坐标系统均用代码表示,其约定为:0 为 WCS(世界坐标系),1 为 UCS(用户坐标系),2 为 DCS(显示坐标系)等。

例如,给定某一用户坐标系统(UCS),它相对世界坐标系统(WCS)中的之轴逆时针旋转 90 度,则有:

    (trans ′(1.0 2.0 3.0) 0 1)   返回(2.0 1.0 3.0)

    (trans ′(1.0 2.0 3.0) 1 0)   返回(2.0 1.0 3.0)

注意:该函数的第一个变元也可以是位移,表示新旧坐标系统的两个变元也可以用实体坐标系统(ESC)等其他方式表示。

4)表处理函数

(1)建立表的函数

格式:(list 表达式…)

功能:该函数的变元个数不限,它将所有表达式的值组成一张表返回。

例如:(list ′c′d)   返回(C D)

   (list(+1 5) 8)   返回(6 8)

(2)测表长函数

格式:(length 表)

功能:该函数返回表的长度,即代表表中元素个数的一个整数。

例如:(length ′(a b c e f)) 返回 5

(3)连接表函数

格式:(append 表 1 表 2 …)

功能:该函数要求其变元必须是表,它将各表联在一起,组成一个新表。

例如:(append′(a b)′(c d)) 返回(A B C D)

(4)取表中第一个元素函数

格式:(car 表)

功能:该函数返回表中第一个元素。

例如:(car ′(a b c))   返回 A

(5)取子表函数

格式:(cdr 表)

功能:该函数返回一个表中除第一个元素以外的所有元素组成的新表。

例如:(cdr ′(a b c))   返回(b c)

(6) car 与 cdr 组合而成的函数

格式:(C ＊ ＊ ＊ ＊ R 表);其中"＊ ＊ ＊ ＊"四个字符可以是 A 或 D

功能:该函数返回一个表中特定位置的元素。

car 与 cdr 是取表中元素的基本函数,这两个函数可以组合起来使用,从而获得表中其他元素。例如 cadr。这种组合最多可达四级(层),即最多为六个字符,如 caddar。AutoLISP 执行这种组合函数时先从后面做起。

例如:(caddr′(1 2 3)) 返回 3

也就是说,若 L 为一张表,则有:

(cadr 'L)等价于(car(cdr L))

其余情况可依此类推。

(7) 取表中最后一个元素函数

格式:(last 表)

功能:该函数返回表中最后一个元素,表不能为空。

例如:(last '(a b c))   返回 C

(8) 取表中第 n 个元素函数

格式:(nth n 表)

功能:该函数返回表中第 n 个元素。n 为表中要返回的元素的序号(第一个元素的序号为 0)。

例如:(nth 3 '(abcde))   返回 D

(9) 向表的头部添加一个元素函数

格式:(cons《表达式 1》《表达式 2》)

功能:向表的头部添加一个元素,或构造一个点对函数。

命令行输入:(cons 'A '(B C D))

       显示:(A B C D)   ;构成新表

命令行输入:(cons '(A B) '(C D))

       显示:((A B) C D)   ;构成新表

命令行输入:(CONS'5'8)

       显示:(5 · 8)   ;构成新点对

5) 出错处理函数

在程序的编辑操作或者调用其他命令时,总是不可避免地出现一些错误,这时系统会给出提示信息以指示错误所在,这就是出错处理函数的作用。程序编辑与调试中采用的出错处理函数有 Alert、∗ error ∗ 、exit(quit)等函数,它们的使用方法,现分别介绍如下:

(1) ∗ error ∗ 函数

格式:(∗ error ∗ 字符串)

功能:该函数允许用户自己定义出错提示。

若该函数不为 NIL 时,每当 AutoLISP 产生错误,该函数将被自动执行。例如:

```
(defun ∗ error ∗(msq)
    (princ"错误:")
    (princmsg)
    (terpri)
)
```

式中 msq 为错误信息说明,此函数和 AutoLISP 标准错误处理程序(error)一样,打印出 error 和说明。

(2) Alert 函数

格式:(Alert string)

功能:显示一个警告框,其中显示一条出错或警告信息。

例如（Alert "数据类型错误！\n 请输入正确类型数据!"）

此行表达式在 AutoCAD 命令行运行后，将出现错误提示框，如图 5-3 所示。

（3）exit(quit)函数

格式：（exit ）或（quit）

功能：强行使当前应用程序退出。

如果调用 exit 函数，它会返回错误信息 quit/exit abort，并返回到 AutoCAD 的命令提示。

图 5-3　AutoCAD 错误提示框

6）逻辑运算函数

AutoLISP 的逻辑运算分为两种：一种是数值的逻辑运算，它将数值化成二进制数，然后按位进行逻辑运算，仍以数值为其结果(返回值)。另一种是根据函数的要求对后面的表达式进行测试，若满足要求，则函数返回 T；不满足要求则返回 NIL(逻辑假)。常用的有以下几种：

（1）等于函数

格式：(= 原子 原子 …)

功能：对多个原子进行逻辑判断，若满足要求，则函数返回 T；不满足要求则返回 NIL(逻辑假)。

原子可以是数或字符串。

例如：(=5 5.0)　　　　　　　　;返回 T
　　　(= 99 99 100)　　　　　;返回 NIL
　　　(="me" "yuo")　　　　　; 返回 NIL

（2）不等于函数

格式：(/= 原子 原子)

功能：比较参数(原子)是否值不相等。

如果没有两个相邻的参数值相等则返回 T；否则返回 NIL。如果仅提供一个参数，函数返回 T。

例如：(/=10 20 30)　　　　　返回 T
　　　(/= 10 10 20 30)　　　返回 NIL

（3）小于函数

格式：(<原子 原子 …)

功能：比较参数(原子)大小。

若每个原子均小于其右面的原子，该函数返回 T，否则返回 NIL。

例如：　(< 10 20)　　　返回 T
　　　(< "b" "c")　　　返回 T
　　　(<10 20 30 20)　　返回 NIL

（4）大于函数

格式：(>原子 原子…)

功能：比较参数(原子)大小。

若每个原子均大于其右面的原子,该函数返回 T,否则返回 NIL。

例如:

$$(> 30\ 20\ 10\ 5)\quad\ 返回\ T$$
$$(> 30\ 20\ 10\ 10)\quad 返回\ NIL$$
$$(> "c"\ "b"\ "a")\quad 返回\ T$$

(5) 相等测试函数

格式:(equal 表达式 1 表达式 2 [fuzz])

功能:测试两个表达式的值是否相等。

该函数测试两个表达式的值是否相等,相等返回 T,否则返回 NIL。选项 fuzz 为实型数,是判断表达式 1 表达式 2 之间的最大允许误差。误差在此范围内时,仍然认为二者相等。

例如先给 f1、f2、f3 赋值,然后进行相等测试:

(setq f1 '(A B C D))f2 '(A B C D) f3 '(1 2 3 4))

(setq a 1.000006 b 1.000007)

(equal f1 f2)   返回 T

(equal f2 f3)   返回 NIL

(equal a b 0.000002)   返回 T;因为 a、b 值只相差 0.000001。

7) 程序分支与循环函数

(1) 条件函数

格式:(if 条件 式 1 [式 2])

功能:根据对条件的判断结果,对两个表达式求值。

该函数根据条件的真或假来执行后面的式 1 或式 2。若条件为真(T),则执行式 1;若条件为假(NIL),则执行式 2。式 2 可以没有。若条件为 NIL 时,且无式 2 时,该函数返回 NIL。例如:

(if(=20 50) "YES""NO")   返回 NO

(if(= 12 (＋ 10 2)) "YES" "NO")   返回 YES

(if(= 12 (＋ 10 20))"YES")   返回 NIL

(2) 分支函数

格式:(cond（条件 1 式 1 …）

        （条件 2 式 2 …）

        …

)

功能:多条件、多处理结果函数。

cond 是 AutoLISP 中最基本的条件函数,由它为核心构成的自定义函数可以实现循环、递归等功能。该函数以任意多个表为其变元。它依次检查每个表中的第一项(即条件),若查到某个表的条件为真,则执行该子表中后面的那些表达式,返回该组算式中最后一个的值。此时函数不再对剩余的子表中的条件进行测试。

例如碎部点展点时,可以有三种方式,我们可以定义 1 代表按测点号展点;2 代表按高

程展点;3 代表按测点和高程展点;这样分支函数根据 1、2、3 来判断采用哪一种方式展点,其部分代码如下:

```
;碎部点展点程序
(defun c:zd()
    (setq num (getint "\n 1—按测点号;2—按高程展点;3—按测点和高程展点;"))
    (cond((= 1 num)
        (setq filen (getfiled "请输入文件名:"""*.dat""*"12))
        ……
        (command "point" p)
        (setq p1 (list (+ 2.5 y) (- x 1)))
        (command "text" p1 2 0 (rtos dh))
        )
        ((= 2 num)
            ……
        (command "text" p2 2 0 (rtos dgc))
        )
        (= 3 num)
            ……
        (command "text" p2 2 0 (rtos dgc))
        (command "text" p1 2 0 (rtos dh))
        )
    )
)
```

（3）重复函数

格式:(repeat 次数 式1 式2 …)

功能:函数按照"次数"的要求重复执行后面的所有表达式,并返回最后一个表达式的计算结果。例如,以下程序段可以计算 1 到 100 间所有整数之和:

```
(setq s 0 a 1)
(repeat 100
    (setq s(+ s a))
    (setq a(1+ a))
)
(print s)
```

将显示结果 5 050。

（4）循环函数(While 条件 式1 式2 …)

格式:(While 条件 式1 式2 …)

功能:该函数先判断条件,若条件为真(T)则执行后面的所有表达式,然后再次判断其他条件。这样一直循环到条件为假(NIL)为止,然后返回最后一个表达式的最终计算结果。

例如,以下程序段亦可计算 1 到 100 间所有整数之和:

```
  (setq s 0 a 1)
  (while(<a 101)
  (setq s(+s a))
  (setq a (1+ a))
   )
   (print s)
```

将显示结果 5 050。

（5）求多个表达式值函数

格式：(progn 式 1 式 2…)

功能：该函数按顺序执行后面的每一个表达式,返回最后一个表达式的求值结果。在只能用一个表达式的地方,使用 progn 可以完成多个表达式的计算。

例如：if 函数只允许有三个变元,要完成下列表达式运算时,系统提示："错误:参数太多。"

```
  (if(= a b) (setq a(+ a 10))
            (setq b(- b 10))
            (setq c(* b a))
        )
```

但若采用 progn 函数,就能很好地解决这一问题,它把三个表达式组合起来,作为 if 函数的一个表达式来执行。

```
  (if(= a b)
   (progn
    (setq a(+ a 10))
    (setq b(- b 10))
    (setq c(* b a))
   )
   )
```

使用本函数可以在 a 等于 b 时同时进行三个表达式的计算。

8）自定义函数

（1）defun 函数

格式：(defun 符号 变元表 表达式…)

功能：允许用户定义新函数的功能。

其中"符号"为所要定义的函数的名称,将来用户在使用这一自己定义的函数时就用此名称调用。变元表被一个前后均有空格的斜杠符号"/"分成两个部分:（形参/局部变量）。前一部分为形参部分,在调用函数时接受参数传递而转换为实参;后一部分为局部变量,仅用于函数内部,不参与参数传递。需要说明的是：

① 变元表可以是空格,此时在调用函数时无参数传递。

② 变元表中的形参与局部变量均只在所定义的函数中起作用。甚至可以与某些外部变量同名,而不会对外部变量造成任何影响。

变元表后面的表达式部分是用户所定义的函数的内容,即在调用函数时的具体操作部分。defun 函数以定义的函数名为其返回值。

例如:定义一个角度(度－分－秒)化弧度的函数。

```
;度分秒化弧度
(defun dmstoR (B / D M S B10)
        (setq D (fix B)                    ;截去小数部分,获取整度数
              M (fix ( * 100 (－ B D)))
              S ( * 10000 (－ B D ( * 0.01 M)))
              B10 (＋ D (/ M 60.) (/ S 3600.))
        )
        ( * pi (/B10 180.))
)
```

式中 B 为形参,其值为(度－分－秒)制,如 30°45′36″。实际输入时为 30.4536,D、M、S、B10 为局部变量,D 表示整度数,M 为分化算成的度(一般为小数),S 为秒换算成的度(一般为小数),B10 为总的角度(十进制)。

若将用 defun 函数定义用户函数的程序写 acad.lsp 文件,则在启动 AutoCAD 时该文件被自动调入内存,用户可直接使用所定义的函数,也可写入一个以 lsp 为扩展名的文件中,在使用时用 load 函数装入。使用时,按下式调用即可:

(dmstoR B)

(2) 用 defun 函数定义 AutoCAD 新命令

格式:(defun c:命令名() 表达式…)

功能:定义 AutoCAD 新命令。

其中,"命令名"为所要定义的新命令的名称,其前面的"c:"必须有,命令名的后面必须带一个没有形参的变元表。

例如,下面定义的函数用来查询两点间边长和方位角。

```
;查询两点间边长和方位角
(defun c:sfwj ()
    (setq pa (getpoint "\n 输入第一点:"))
    (setq pb (getpoint "\n 输入第二点:"))
    (setq Sab (distance pa pb))
    (setq fwj0 (angle pa pb)) ;直线正向与 X 轴方向组成的角度(逆时针方向),单位为弧度
    (setq fwj (angtos fwj0 1 6 )) ;弧度转换为度分秒
    (princ "\n 两点间边长 =")
    (princ sab)
    (princ "\n 方位角=")
    (princ fwj)
    (princ)
)
```

该函数调试通过后,SFWJ 就成为 AutoCAD 的一个新命令。使用时和其他任何 AutoCAD 命令一样,只需在 AutoCAD 的"command:"提示下键入该命令名 SFWJ 即可。

9) 交互数据输入函数及相关的计算函数

(1) 整型数输入函数

格式:(getint [提示])

功能:该函数等待用户输入一个整型数,并返回该整型数。提示部分可有可无。

例如:(setq num (getint))

  (setq num (getint ″Enter a number:″))

若输入非整数,如1.333,则系统提示"需要整数值.",需要输入一个整型数。

(2) 实型数输入函数

格式:(getreal[提示])

功能:该函数等待用户输入一个实型数并返回该实型数。它和getint的用法完全相同。

例如:(setq num (getreal))

  (setq num (getreal "输入一个实数:"))

当输入5,返回5.0,此函数把整数与其等值的实数等同看待。

(3) 字符串输入函数

格式:(getstring [cr] [提示])

功能:该函数等待用户输入一个字符串,并返回该字符串(最大长度为132个字符)。

如果提供了cr且cr不为NIL,则输入的字符串中可以有空格,此时只有用回车来终止输入,否则可以用空格来终止输入。

例如:

  (setq s(getstring "输入你的学号:"))

命令行输入:　　　　　A332001　　　　　返回″A332001″

命令行输入:　　　　　345.666　　　　　返回″345.666″,将该数据看成字符串

(4) 点输入函数

格式:(getpoint [基点] [提示])

功能:该函数等待用户输入一个点。

用户可用键盘输入点的坐标或用光标选点的方式输入一个点。若有基点变元,则AutoCAD会从该点向当前的光标位置画一条可拖动的直线。

例如:

  (setq p (getpoint "输入点的位置:"))

  (setq p (getpoint ′″(5.0,6.6)″第二点:″))

(5) 距离输入函数

格式:(getdist [基点] [提示])

功能:该函数等待用户输入一个距离值;或用光标输入两个点,函数将返回两点间的距离值。

若有基点变元,则只需再输入一个点,该点与基点间的距离就是输入的值。

例如:

  (setq dist (getdist '(3.2 5.1) "Distance:"))

(6) 角度输入函数

格式:(getangle [基点] [提示])

功能:该函数等待用户输入一个角度,并将该角度以弧度值返回。

Getangle 函数在度量角度时,以变量 ANGBASE 设置的当前角度为零弧度,角度按逆时针方向增加。用户可用键盘输入一个数值来指定一个角度。也可用指定屏幕上两个点的方式来输入一个角度,此时两点间连线与零度基准线的夹角就是输入的角度。若指定了"基点",则可用输入一个点的方式来获取角度。后两种方式中屏幕上都会出现拖动线,如"基点"坐标为(5,5),运行该函数时,光标和基点间有一条拖动线,如图 5-4 所示。

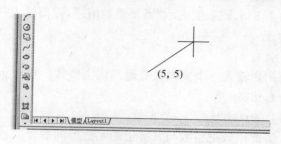

(5, 5)

图 5-4　光标和基点间的拖动线

(7) 方位角输入函数

格式:(getorient[基点][提示])

功能:获取一个角度,角度的零度基准方向是水平向右的。

该函数与上面的函数非常类似,唯一不同的是 getorient 度量角度的零度基准方向是水平向右的。在需要知道相对角度(如点转过的角度)的情况下应使用 getangle,而在需要知道绝对角度(如直线的方位)的情况下应用 getorient。

实际使用时应输入角度或两点。例如:

　　(setq pt1 (getpoint"拾取点:"))　　　　;给 pt1 赋值
　　(getorient pt1"拾取点:")　　　　　　　;以 pt1 为基点

(8) 求方位角函数

格式:(angle 点 1 点 2)

功能:该函数返回 UCS(用户坐标系)中两点连线的方位角。该角度从当前作图平面的 X 轴正向开始,按逆时针方向计算。返回值为弧度。

　　例如:　　(angle ′(1.0 1.0) ′(1.0 4.0))　　返回 1.570796

(9) 求两点间距离函数

格式:(distance 点 1 点 2)

功能:该函数返回两、三维点之间的距离。

　　例如:　　(distance ′(1.0 2.5 3.0) ′(7.0 2.5 3.0))　　返回 6.000000

(10) 求另一点坐标函数

格式:(polar 点 角度 距离)

功能:该函数可以根据一个已知点求出另一个点,并返回所求的点。

其变元中,"点"是已知点,"角度"是另一点所在的方位,"距离"为两点间距离。

例如:

　　(polar ′(2 4 6) 0.66789 5)　　返回 (5.92565 7.09665 6.0)

（11）求交点函数

格式：(inters 点 1 点 2 点 3 点 4［方式］）

功能：该函数求两直线的交点，并返回其交点坐标。

其中，"点 1"与"点 2"为第一条直线的两个端点，"点 3"与"点 4"为第二条直线的两个端点，变元"方式"控制求交点的方式，即若此处有值且为 NIL 时，该函数允许交点在这两条线段的延长线上；若无方式变元或此变元不为 NIL，则函数只求两线段内的交点。若无交点，函数返回 NIL。

例如：

    (setq a '(1.0 1.0) b '(3.0 3.0))
    (setq c '(4.0 1.0) d '(4.0 2.0))
    (inters a b c d)   返回 NIL
    (inters a b c d T)   返回 NIL
    (inters a b c d NIL)   返回(4.0 4.0)

10）文件操作函数

（1）打开文件函数

格式：(Open 文件名 读/写标志)

功能：该函数打开一个文件，以便 AutoLISP 的 I/O 函数进行存取。函数返回文件描述符。

式中"文件名"为一个字符串（含有扩展名）。"读/写标志"必须用小写的单个字母来表示：r 表示读，w 表示写，a 表示向旧文件中读写的内容（该文件中应没有以 CTRL/z 表示的文件结束标记）。在 w 和 a 状态下，若磁盘上无此文件，则产生并打开一个新文件。

假设下例表达式中的文件都不存在，则有：

    (setq f (open "new. txt" "w")) 返回 file "new. txt"
    (setq f (open "myfile. lsp" "r")) 返回 NIL
    (setq f (open "newfile. lsp" "a")) 返回 file "newfile. txt"

在文件名中含有路径时，要以反斜杠"/"代替"\"。

（2）关闭文件函数

格式：(close 文件描述符)

功能：该函数关闭指定的文件，返回 NIL。例如要关闭当前打开的文件，只需执行该函数即可。

    例如：(close f)   返回 NIL

（3）读函数

格式：(read 字符串)

功能：该函数返回从"字符串"中取得的第一个表或原子。

例如：

    (read "hello baby")   返回 HELLO

（4）读字符函数

格式：(read-char［文件描述符］)

功能：该函数从键盘输入缓冲区或从"文件描述符"表示的打开文件中读入一个字符，并返回该字符的 ASCII 码值。

例如，假设键盘输入缓冲区为空，则：

  (read-char)

将等待用户输入。若用户键入"hello"并回车，则返回 104。

（5）读行函数

格式：(read-line［文件描述符］)

功能：该函数类似于 read-char，只是每次以字符串的形式读入一行，并返回该行（仍以字符串返回，而非 ASCII 码）。

在打开的文件中读入时，每读入一行，文件指针就指向下一行，则下一次调用 read-line 时，就可读入下一行。例如：

(setq filen (getfiled″请输入展点数据文件名：″″*.dat″″*″12))
(setq fp (open filen″r″))
 (while (setq line (read-line fp))
 … //循环读取每一行
)

（6）写字符函数

格式：(write-char 整数［文件描述符］)

功能：该函数将一个字符写到屏幕上或写到由"文件描述符"表示的打开的文件中。

其中，″整数″，是要写字符的 ASCII 码，也是函数的返回值。

例如：

  (write-char 65) 返回 65

把大写字母 A 写在屏幕上。

（7）写行函数

格式：(write-line 字符串［文件描述符］)

功能：该函数将"字符串"写到屏幕上，或写到由"文件描述符"表示的打开的文件中。它返回一个字符串，写入文件时不带引号。例如，下式可将字符串″my Test data.″写入文件中：

  (write-line ″my Test data.″ f)

（8）prin1 函数

格式：(prin1［表达式［文件描述符］])

功能：该函数在命令行显示（或向文件写入）表达式的值。

例如，(setq A 666 B ′(A)) ;;//返回(A)

  (prin1′A) ;;//打印 A 并返回 A
  (prin1 A) ;;//打印 666 并返回 666
  (prin1 B) ;;//打印(A)并返回(A)

使用该函数时应注意 prin1 中的"1"是数字 1，不是小写字母"l"。

（9）princ 函数

格式：(princ［表达式［文件描述符］])

功能:该函数功能和 prin1 基本相同,区别是它能实现"表达式"中控制字符的作用。

例如:

  (princ ″abcdefg″)   ;//打印 abcdefg 并返回″abcdefg″

  (princ ″abc\n123″)   ;//打印 abc,换行打印 123,并返回″abc\n123″

(10) print 函数(print [表达式 [文件描述符]])

格式:(print [表达式 [文件描述符]])

功能:该函数除了在打印"表达式"之前先换行和在打印之后加印空格外,其他均和 prin1 相同。

例如:

  (print″abcdefg″)   ;//换行打印"abcdefg"并空格后返回"abcdefg"。

11) 调用 AutoCAD 命令函数

格式:(command AutoCAD 命令 参数 …)

功能:执行来自 AutLISP 的 AutoCAD 命令,返回 NIL。

该函数其中第一个变元为 AutoCAD 命令,其后的参数变元作为对该命令相应的连续提示的响应。命令名和选择项作为字符串传递,点则作为实数构成的表传递。

例如下面的表达式可以完成圆的绘制,其圆心坐标为(5 , 5)、半径为 10。

  (command ″circle″ ′(5 5) 10 ″″) ;在(5 ,5)位置绘制半径为 10 的圆。

Command 函数在使用中应注意以下几点:

  ① command 函数的参数可以是字符串、实数、整数或点,但必须与要执行的命令所需的参数一致。一个空字符串″″等效于从键盘上输入一个空格,通常用于结束一个命令。

  ② 调用(不加任何参数),即(command)形式,等效于在键盘上键入 Ctrl+C,它取消 AutoCAD 的大多数命令。

  ③ AutoCAD 命令需要目标选择时,应提供一个包含 entsel(实体选择)的表,而不是一个点来选择目标。

  ④ dtext、sketch、plot、prplot 等 AutoCAD 命令不能和 AutoLISP 的 command 函数一起使用。

  ⑤ command 函数具有暂停功能。

当该函数的变元中出现保留字 PAUSE 时,command 函数将暂停,以便用户进行某些操作。完成这些操作后,command 函数继续执行。例如:

  (command ″circle″ ″10,10″ pause ″line″ ″15,15″ ″27,25″ ″″)

依顺序执行 circle 命令,置圆心为(10,10),然后暂停,待用户输入半径数值后函数继续执行,从(15,15)到(27,25)画一条直线。

12) 选择集函数

在 Visual LISP 中提供了一组对当前图形进行编辑操作的函数,通过它可以对图形数据库进行操作,达到实时编辑修改的目的。

(1) 选择集构造函数

格式:(ssget [选择方法] [点 1] [点 2] [点表] [过滤表])

功能:根据选定对象创建选择集。

选择方法的可选参数较多,其含义和功能如表 5-1 所示。

表 5-1　选择集构造函数选择方法参数表

参数	含义	功能
C	Crossing 窗交	点 1 与点 2 所指定窗口和选择与该窗口相交的所有对象
CP	Cpolygon 圈交	选择与点表指定多段线相交的所有对象
F	Fence 栏选	选择与点表所确定的折线相交的所有对象
I	Implied 隐含窗口选择	在执行 PICKFIRST 期间选择的对象
L	Last 添加到数据库的最后一个可见对象	选择添加到数据库的最后一个可见对象
P	Previous 最后一个创建的选择集	选择最后一个创建的选择集
W	Windows 窗口选择	选择窗口内的所有对象
WP	Wpolygon 圈围选择	指定多边形内的所有对象
X	整个数据库	如果指定了 X 选择方法，而又没有提供 filter—list 参数，则 ssget 选择数据库中的所有图元，包括关闭、冻结图层中的图元和可见屏幕外的图元
:E		光标的对象选择拾取框中的所有对象
:N		在执行 ssget 操作的过程中，为选定图元调用 ssnamex 获得容器块和转换矩阵的附加信息。只有通过窗口、窗交点拾取等图形选择方法选定的图元，这一附加信息才可以使用
:S		仅允许单一选择集

　　过滤表是与选择方法配合使用的，根据过滤表的参数，对所选对象进行筛选，保留满足过滤表条件的对象。过滤表的参数是实体组代码，部分采用的实体组代码如表 5-2 所示。

表 5-2　实体组代码表

组代码	含义
0	实体类型，如 line、point、text 等
2	引用块(insert)的块名
6	线型名称
7	字形名(用于正文、属性定义)
8	图层名
62	颜色号

　　调用该函数的几个基本应用例题如下：

(setq s1 (ssget′(5 5)))

;该表达式创建一个选择集，通过点(5 5)的图元被选中，并将返回的选择集的名字赋值给变量 s1。

(setq s2 (ssget ″W″ ′(5 5) ′(25 25)))

;该表达式创建一个选择集,点(5 5)和(25 25)定义窗口内的完整图元被选中,并将返回选择集的名字赋值给变量 s2。

(setq s3 (ssget))

;该表达式以交互方式创建一个选择集,用户可以用多种选择方法进行多次选择,直至完成全部选择。同时返回选择集的名字赋值给变量 s3。

(setq s4 (ssget″X″ ((0. ″CIRCLE″) (62 .1))))

;该表达式创建一个选择集,″X″参数代表对于整个数据库对象选择,((0. ″CIRCLE″) (62 .1))是过滤表,选择集的对象是所有红色的圆。如果选择成功,同时返回选择集的名字赋值给变量 s4。

(2) 选择集操作函数

格式:(sslength [选择方法] [点 1] [点 2] [点表] [过滤表])

功能:求出一个选择集中的对象(图元)数目,并将其作为一个整数返回。

例如向新的选择集中添加最后一个对象:

命令行输入:(setq sset (ssget″L″))

　　　显示:〈selection set:3〉;选择集创建成功

使用 sslength 确定新选择集中对象的数目:

命令行输入:(sslength sset)

　　　显示:1;返回 sset 选择集中的对象(图元)数目,此时为 1。

(3) 实体名检索函数

格式:(ssname〈选择集〉〈序号〉)

功能:返回选择集中由序号指定的那个对象(图元)的图元名。

例题,获取选择集中第三个图元的名称:

命令行输入:(setq ent3 (ssname sset 2))

显示:〈图元名:7ee7e9b8〉　　　;选择集中的实体序号为 $0,1,2,3,\cdots ,n-1$,(总数为 n)

(4) 加入新实体函数

格式:(ssadd〈实体名〉〈选择集〉)

功能:将对象(图元)加入到选择集中,或创建新的选择集。

例题,下面的命令将 ent1 图元添加到 ss1 选择集中:

命令行输入:(ssadd ent1 ss1)

　　　　显示:〈selection set:2〉

(5) 撤消对象函数

格式:(ssdel〈实体名〉〈选择集〉)

功能:从选择集中撤消对象(图元)。

例题,图元 ent1 是选择集 ss1 的成员而图元 ent3 不是 ss1 的成员:

命令行输入:(ssdel ent1 ss1)

　　　显示:〈selection set:2〉　　　;返回删除图元 ent1 后的选择集 ss1

命令行输入:(ssdel ent3 ss1)

　　　显示:nil　　　　　　　　;ent3 不是选择集 ss1 的成员,所以函数返回 nil

13）其他函数

（1）ObjectARX 应用程序操作函数

常用的该类函数有（arx）、（arxload）、（arxunload）三个，其使用方法如下：

格式：（arx）

功能：返回当前已加载的 ObjectARX 应用程序名表。

例如在 AutoCAD 命令行输入（ARX），则显示当前系统已经加载的 ObjectARX 应用程序，其形式如下：

（"acdwgrecovery. arx" "appload. arx" "cass9. arx" "cassa. arx" "cassapp. arx" "djzdt. arx" "landform. arx"……）

（2）加载 ObjectARX 应用程序

格式：（arxload application ［onfailure］）

功能：加载 ObjectARX 应用程序。

Application 项是用双引号引起来的字符串，可以省略文件名中的后缀 . arx。若该文件不在 AutoCAD 支持文件搜索路径中须提供 ObjectARX 可执行文件的全路径名。Onfailure项是加载失败时要执行的表达式。

例题，若需要加载 Cass9. arx 应用程序，操作步骤如下：

命令行输入：（arxload"cass9. arx"）

      显示："cass9. arx"   ;该程序加载成功

（3）卸载 ObjectARX 应用程序

格式：（arxunload application ［onfailure］）

功能：卸载 ObjectARX 应用程序。

application 参数项用双引号引起来的字符串或包含已用 arxload 函数加载的可执行文件名的变量。可以省略文件名中的 . arx 后缀和路径。onfailure 卸载失败时要执行的表达式。

例题，若需要卸载 Cass9. arx 应用程序，操作步骤如下：

命令行输入：（arxunload"cass9. arx"）

      显示："cass9. arx"   ;该程序卸载成功

（4）启动 windows 应用程序函数

格式：（startapp appcmd ［file］）

功能：启动 windows 应用程序。

Appcmd 参数项为字符串，指定要执行的应用程序描述字串。如果 appcmd 没有包含全路径名，startapp 将按照环境变量 PATH 设置的路径来搜索该应用程序。file 参数项字符串，指定要打开的文件的名称。如果成功则返回大于 0 的整数，否则返回 nil。

例题，要启动 windows 应用程序"notepad. exe"，同时打开"my data. txt"进行编辑，操作步骤如下：

命令行输入：（startapp"notepad. exe" "\"my data. txt\" "）

      显示：33；返回大于 0 的整数，该程序启动成功。如图 5-5 所示。

有关 Visual LISP 扩展函数、ActiveX 函数、反应器函数的使用方法，可以参考相应的 Visual LISP 开发资料与书籍。

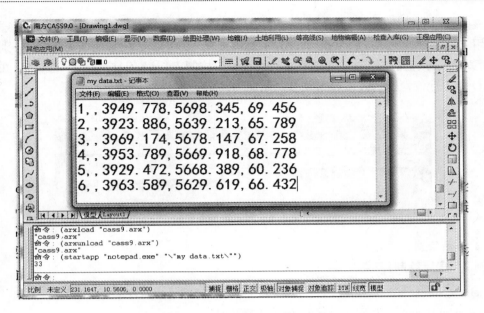

图5-5　启动 windows 应用程序

5.3　常用测量绘图程序编程与应用

5.3.1　编程步骤

了解了 AutoLISP 的基本规定与函数的使用方法后,我们就可以编写一些常用测量程序来扩充 AutoCAD 的测量计算与绘图功能。AutoLISP 程序编写的具体步骤如下:

(1)根据功能要求设计好算法、程序流程。

(2)用 AutoLISP 语言编写源程序代码。程序代码可以使用各种文本编辑软件编写,或在 AutoCAD 的 Visual LSIP 环境中编写、调试;并按扩展名为"lsp"的文件保存。

(3)调入、运行程序。

5.3.2　编程实例

1)绘图环境设置

例1　新建(创建)图层

```
;xtc.lsp
(defun C:tc ()
  (setq name (getstring"\n 输入新的层名:"))
  (setq col (getstring"\n 输入新层的颜色:"))
    (if( =(tblobjname"layer"name)nil)
       (command"layer""m"name "c" col name " ")
       (princ "该图层已存在")(princ)
    )
)
```

该段程序的功能是新建图层并设定图层的颜色。层名可以是字母、数字和汉字,层的颜色使用 255 种 AutoCAD 颜色索引(ACI)颜色设置。常用的颜色号一般为 1~7,分别对应为红、黄、绿、青、蓝、品红和白色。例如要创建一个控制点层(KZD),颜色设为红色,在 AutoCAD 中运行该程序的效果如图 5-6 所示。

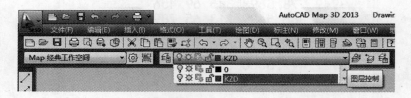

图 5-6　创建控制点层

2)房屋绘制

例 2　房屋绘制(三点)

```
(defun c:sdf()
(setq num (getint"\n 1—不直角校正,2—直角校正"))
    (cond
      (( = 1 num)
        (command "osnap" nearest)
        (setq pa1 (getpoint "\n 输入第一点:"))
        (setq pa2 (getpoint "\n 输入第二点:"))
        (setq pa3 (getpoint "\n 输入第三点:"))
        (setq ya1 (car pa1)) (setq xa1 (cadr pa1))
        (setq ya2 (car pa2)) (setq xa2 (cadr pa2))
        (setq ya3 (car pa3)) (setq xa3 (cadr pa3))
        (setq dy (— ya3 ya2)) (setq dx (— xa3 xa2))
        (setq pa4 (list (+ dy ya1) (+ xa1 dx)))        ;求房屋第四点坐标
        (if( =(tblobjname "layer"name)nil)
          (command "layer" "m" "jmd" "l" "continuous"
              "jmd" "s" "jmd" "c" "1" "jmd")        ;将地区层设置为居民地(jmd )图层
          (princ "该图层已存在") (princ)
        )
        (command "pline" pa1 pa2 pa3 pa4 pa1 " " 1);在居民地(jmd )图层上绘出房屋
        (princ )
    )
    (( = 2 num)
        (setq pt1 (getpoint "\n 房屋长边第一点:"))
        (setq ang12 (getangle pt1 "\n 房屋长边第二点:"))
        (setq pt3 (getpoint pt1 "\n 对角点:"))
        (setq len (distance pt1 pt3)
              ang13 (angle pt1 pt3) )
        (setq pt2 (polar pt1 ang12 (* len (cos (— ang13 ang12)))))
```

144

```
    (setq pt4 (polar pt1 (＋ (/ pi 2.) ang12) (＊ len (sin (－ ang13 ang12))))))
    (command "layer" "s" "jmd") ;将地区层设置为居民地(jmd)图层
    (command "pline" pt1 pt2 pt3 pt4 "c")
  )
 )
 (setvar "cmdecho" 1)
)
```

该程序的功能是根据给定的三点位置画出房屋图形,存放在"jmd"层,颜色号为"1",如图 5-7 所示。图形(a)为未进行直角校正,直角校正的情况如图形(b)所示。

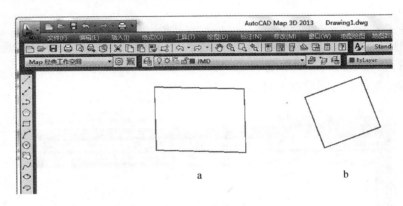

图 5-7 房屋绘制

多点房、不规则房屋、棚房、建筑中房屋等的绘制都可以按照类似的方法实施。一般先获取房屋位置信息,设置图层(绘制房屋的层),然后用相应的线型绘制房屋图形。

3) 碎部点展绘

碎部点展绘的基本内容包括标示出点的平面位置、给出点的标号或高程。绘制的思路是先获取碎部点位置信息(X,Y,H),设置图层(碎部点的层),然后绘制标示点位(一般可用点或小圆标示),并按要求注记点号或高程。

例 3 单点碎部点计算与展绘(距离交会)

```
;jljhzd. lsp
(defun c:jihui(/ xa ya xb yb sa sb sab q r )
 (command "osnap" nearest)
 (setq pa (getpoint "\n 输入第一点:"))         ;已知点 A
 (setq pb (getpoint "\n 输入第二点:"))         ;已知点 B
 (setq ya (car pa)) (setq xa (cadr pa))
 (setq yb (car pb)) (setq xb (cadr pb))
 (setq sa (getdist pa "\n 输入边长 sa:"))        ;至已知点 A 的距离
 (setq sb (getdist pb "\n 输入边长 Sb:"))        ;至已知点 B 的距离
 (setq dh (getstring "\n 输入点号:"))            ;碎部点编号
 (setq dxab (－ xb xa)) (setq dyab (－ yb ya))
 (setq sab ( sqrt (＋ ( expt dxab 2) (expt dyab 2))))
 (setq q ( / (－ (＋ (expt sab 2) (expt sa 2)) (expt sb 2)) (＊ 2 sab )))
```

145

```
(setq r ( sqrt (− (expt sa 2) (expt q 2 ) ) ) )
(setq dxap (/ (+ ( * dxab q) ( * dyab r)) sab))
(setq dyap (/ (− ( * dyab q) ( * dxab r)) sab))
(setq xp (+ xa dxap)) (setq yp (+ ya dyap))
(setq p ( list yp xp))                        ;构成碎部点
(command "point" p)
(command "layer" "S" "SBD")
(setq p1 ( list (+ yp 1) (− xp 1)))           ;点号注记的位置
(command "text" p1 2 0 dh)                     ;注记点号,2 代表字高,0 表示字的方向为正北
(princ )
)
```

该程序的功能是完成距离交会计算并展绘点位与点号,存放在碎部点(SBD)层,在 AutoCAD 中运行该程序的效果如图所示,图 5-8 中 33 号点为展绘的碎部点。

角度交会、方向交会等单点都可以按同样思路实施。

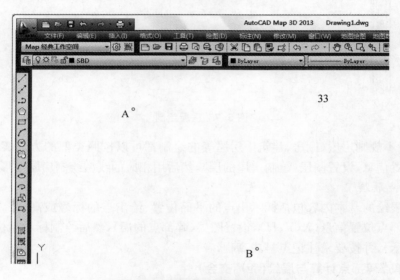

图 5-8　单点碎部点计算与展绘

例 4　批量展绘碎部点程序(文件)

```
;zsbd
(defun c:zd()
(setq filen (getfiled "请输入展点数据文件名:" "" "*.dat" "*" 12))
(setq fp (open filen "r"))                     ;//打开文件//
(while (setq line (read-line fp))
(setq lm (read (strcat "(" line ")" ) ) )     ;构成点表
(setq dh (car lm))
(setq dgc (last lm))
(setq x (nth 1 lm))
(setq y (nth 2 lm))
```

```
        (setq p (list y x ))
        (command "point" p)                      ;在 P 位置画一个点
        (setq p1 ( list (+ 2.5 y) (- x 1)))
                 (command "layer" "s" "ZDH" )    ;设置"ZDH"为当前层
                 (command "text" p1 2 0 dh)      ;注记点号
        (setq p2 ( list (+ 2.5 y) (+ x 2)))
                 (command "layer" "s" "GCD");设置"gcd"为当前层
                 (command "text" p2 2 0 dgc);注记高程
     )
     (close fp )
     (princ )
     (command "zoom" "e")
  )
```

```
;该程序能打开碎部点文件,在屏幕上按点号展点,对碎部点文件的格式要求如下:
;      点号   x 坐标    y 坐标    高程
;例如:0010 4563.789 2378.963 45.786
      0011 4573.599 2368.322 43.250
      0012 4588.911 2386.324 42.123
      0013 4587.445 2366.345 41.332
      0014 4598.356 2388.879 40.132
      …
```

4）测量控制点符号绘制

大比例尺数字测图应表示的测量控制点包括三角点、小三角点、导线点、埋石图根点、不埋石图根点、水准点、卫星定位等级点及独立天文点 8 类符号。绘制的基本方法有直接法和图形库法两种,直接法是用测量控制点绘图程序在指定位置绘制控制点并完成相应的注记;图形库法是先将各类控制点图形按 1:1 的比例绘制好形成图块,建立图库,使用时调入图块,按基点插入到相应位置即可。

例 5　卫星定位等级点绘制（直接法）

```
;3mm 等边三角形内接圆
(defun c:gps()
(command "osnap" nearest)                 ;设置捕捉方式为:最近点
(setq pa (getpoint "\n 输入符号中心:"))
(setq kzd (getstring "\n 输入控制点名:"))
(setq gcz (getstring "\n 输入高程:"))
(setq ya1 (car pa))
(setq xa1 (cadr pa))
(setq pa1 (list (- ya1 1.5) (- xa1 0.866)))
(setq pa2 (list (+ 1.5 ya1) (- xa1 0.866)))
(setq pa3 (list (- ya1 0 ) (+ 1.732 xa1)))
(command "layer" "n" "kzd" "l" "continuous" "kzd" "" "s" "kzd" "c" "1" "kzd")
(command "pline" pa1 pa2 pa3 pa1 1)        ;绘制三角形
```

```
(command "circle" pa 0.866 1)                    ;绘制内接圆
(command "circle" pa 0.00866 1)                  ;绘制符号的定位中心点
(setq x xa1 y ya1)
(setq p1 (list (+ y 3) (+ x 0)))
(setq p2 (list (+ y 10) (+ x 0)))
(setq wz1 (list (+ y 7) (+ x 2.0)))
(setq wz2 (list (+ y 7) (- x 2.0)))
(command "pline" p1 p2 1)                         ;绘制用于注记的分数线
(command "text" "j" "m" wz1 2.0 0 kzd)           ;注记点名
(command "text" "j" "m" wz2 2.0 0 gcz)           ;注记点高程
(princ)
(setvar "cmdecho" 0)
)
```

该段程序用于交互式绘制单个控制点符号绘制,程序运行后,其效果如图 5-9 所示。

图 5-9　控制点绘制

例 6　批量测量控制点绘制(图形库法)

当测区范围大,控制点数量和类型较多时,可以采用批量测量控制点绘制方法。首先应建立控制点文件,该文件应包括点名、类别、平面坐标和高程信息,可以按表 5-3 格式组成,类别控制符、图块名可按表 5-4 形式定义。

表 5-3　控制点数据文件结构形式

点名	类别	X 坐标	Y 坐标	高程
A01	GPS	5533.992	7654.345	99.789
B02	DXD	5651.672	7933.123	97.774
C03	TGD	5767.342	7823.673	96.445
...				

表 5-4　各类控制点的类别定义

控制点名	类别符	图块名	控制点名	类别符	图块名
三角点	SJD	SJD	小三角点	XSJD	XSJD
三角点(土堆上)	SDJB	SDJB	小三角点(土堆上)	XSJDB	XSJDB

控制点名	类别符	图块名	控制点名	类别符	图块名
导线点	DXD	DXD	埋石图根点	TGD	TGD
导线点(土堆上)	DXDB	DXDB	埋石图根点(土堆上)	TGDB	TGDB
水准点	SZD	SZD	不埋石图根点	BTGD	BTGD
卫星定位等级点	GPS	GPS	独立天文点	TWD	TWD

　　自动绘制时,根据每个点的类别信息确定控制点的类型,然后绘制相应的控制点符号,并注记点名与高程信息。若假定导线点的符号已经保存在相应的文件夹中,图块名为(dxd.dwg),绘制导线点时,根据类别信息(DXD)在图形库中调出图块(dxd.dwg),然后用插入命令(insert)将图块按指定基点插入,同时完成点名与高程信息的注记。

```
;数据格式:点名 类别 X坐标 Y坐标 高程

(defun c:PLZD()
 (setq v1(getvar "osmode")) (setvar "osmode" 0)
 (setq filen (getfiled "请输入展点数据文件名:" "" "*.dat" "*" 12))
 (setq fp (open filen "r"))
 (while (setq line (read-line fp))
;//获取点名、类别的字符串(开始):
    (setq n 1 k 0)
        (while (and (/= (substr line n 1) ",")
               (/= (substr line n 1) " "))
               (setq n (+ 1 n))
        )
                              ;(setq sta (+ 1 n))
        (setq DM (substr line 1 (- n 1)));点名(字符串形式)
        (setq s2 (substr line (+ 1 n) 4))
        (setq m 1 k 0)
        (while (and (/= (substr s2 m 1) ",")
               (/= (substr s2 m 1) " "))
               (setq m (+ 1 m))
        )
        (setq LB (substr s2 1 (- m 1)));点的类别(字符串形式)
        ;(princ "dh=")(princ dh)
        ;(princ "lb=")(princ lb)
;//获取点名、类别的字符串(结束):
    (setq lm (read (strcat "(" line ")")));构成点表
    (setq GCZ (last lm));高程值
    (setq GCZ (rtos GCZ 2 3));类型转换
    (setq x (nth 2 lm))
    (setq y (nth 3 lm))
    (setq p (list y x))
```

```
(cond ( ( = LB "GPS" )
        (command "layer" "s" "KZD" "" ")
        (command "insert" "gc258" p 1 1 0)                    ;插入图块
            (setq p1 (list (+ y 3) (+ x 0 )))
            (setq p2 (list (+ y 10) (+ x 0)))
            (setq wz1 (list (+ y 7) (+ x 2.0)))
            (setq wz2 (list (+ y 7) (- x 2.0)))
            (command "pline" p1 p2 "" 1)                      ;绘制用于注记的分数线
            (command "layer" "s" "GCD")
        (command "text" "j" "m" wz1 2.0 0 DM )                ;注记点名
        (command "text" "j" "m" wz2 2.0 0 GCZ )               ;注记点高程
    )
(cond ( ( = LB "GPS" )
        ;(command "layer" "s" "KZD")
        ;(command "insert" "GC258" p 1 1 0)
        ;其他控制点绘制方法同上
    )
  )
)
```

5）线状符号绘制

线状符号绘制是它们在一个延伸方向上有定位意义或能依比例表示，而宽度方向则不一定能依比例表示的地图符号。如围墙、栏杆、铁丝网、道路、管线、等高线及境界等，都要用线状符号来绘制。程序自动绘制的思路是先确定定位线，然后在其上配置线型或辅助符号（包括文字注记）。具体步骤是先设置图层（颜色、线型），根据定位线确定符号的中轴线，并配置符号。

例7 围墙的自动绘制

```
(defun c:wq(/)
  (setvar "cmdecho" 0)
  (if ( = 0.0 (getvar "userr1"))(setvar "userr1" (getreal "请输入图形比例尺 1:")))
                                         ;先获取系统变量"userr1"的初始值，如没有
比例尺定义，则根据新输入的比例尺信息确定新的比例尺。

  (princ "围墙起点:")
  (setq b (getpoint))                    ;获取围墙起点坐标
  (setq a b d '() g 0 h '() j 0)
  (command "fill" "on" "-linetype" "s" "bylayer" "-layer" "s" "" "jmd")
                                         ;设置线型、设置居民地(JMD)层
  (command "_pline" a "w" "" 0)
  (while (not ( = b nil)) (progn
            (princ "\n围墙的下一个折点:")      ;获取定位线
            (setq b (getpoint))
            (if (not ( = b nil)) (if (not ( = a b)) (progn
```
150

```
(command b)
(setq c (angle a b))
(if (= h '())

(progn
(setq k (list (+ (nth 0 a) (* 0.5 (cos (+ 1.570796327 c))))
(+ (nth 1 a) (* 0.5 (sin (+ 1.570796327 c))))))
(setq h (cons k h))
(setq i (list (+ (nth 0 b) (* 0.5 (cos (+ 1.570796327 c))))
(+ (nth 1 b) (* 0.5 (sin (+ 1.570796327 c)))))) )
)

(progn
(setq k (list (+ (nth 0 a) (* 0.5 (cos (+ 1.570796327 c))))
(+ (nth 1 a) (* 0.5 (sin (+ 1.570796327 c))))) )
(setq j (list (+ (nth 0 b) (* 0.5 (cos (+ 1.570796327 c))))
(+ (nth 1 b) (* 0.5 (sin (+ 1.570796327 c))))) )
(setq h (cons (inters (nth 0 h) i j k nil) h) i j)
)  )
(if (= d '())(progn
(setq f (list (+ (nth 0 a) (* 0.5 (cos (+ 1.570796327 c))))
(+ (nth 1 a) (* 0.5 (sin (+ 1.570796327 c)))) )
(setq d (cons (list a f) d)))
)
(setq e (+ g (distance a b)))
(while (<10 e) (progn
(setq a (list (+ (nth 0 a) (* (- 10 g) (cos c)))
(+ (nth 1 a) (* (- 10 g) (sin c))) g 0)
(setq f (list (+ (nth 0 a) (* 0.5 (cos (+ 1.570796327 c))))
(+ (nth 1 a) (* 0.5 (sin (+ 1.570796327 c))))))
(if (listp a) (setq d (cons (list a f) d))
(setq e (distance a b))
)  )
(setq a b g (+ g e))
) )
(progn (setq h (cons i h))(setq f (list (+ (nth 0 a)
(* 0.5 (cos (+ 1.570796327 c))))  (+ (nth 1 a) (* 0.5 (sin (+ 1.570796327 c)))))))
(if (listp a) (setq d (cons (list a f) d)))
) ) )
(command "—layer" "s" "jmd")
(setq a (nth 0 d) b 0 c (getvar "osmode"))(setvar "osmode" 0)
(while (not (= a nil))
(progn
(command "pline" (nth 0 a) (nth 1 a) )
(setq a (nth (setq b (+ 1 b)) d))
```

```
))
      (setq a (nth 0 h) b 0)
      (command "pline")
      (while (not (= a nil))
        (command a)
        (setq b (+ 1 b) a (nth b h)))
      (command "-layer" "s" "" "0") (setvar "osmode" c)
      (terpri)
  )
```

该段程序采用直接绘制符号的方法,未利用相关线型来实现线状符号绘制。实际绘图时,对于这些要素的绘制,可以先选择相应线型,然后用"pline"命令来绘制完成。

例 8　加固陡坎绘制(利用已有线型)

```
(defun c:JGDK(/ pt cp p1 p2 kw)
      (setvar "cmdecho" 0)
      (setq m:err *error* *error* *merr*)
(if (NULL DMZT)
(command "layer" "n" "DMZT" "L" "10422" "DMZT" "s" "DMZT" "c" "GREEN" "DMZT"))
      ;10422 线型是已经定义安装了的线型
(command "layer" "s" "DMZT")
      ;设置绘制图形元素的图层,并确定线型及颜色
      (setq p1 (getpoint "\n 输入线段起点:"))
      (setq pt p1)
(autopan pt)
      (setq p2 p1)
      (setq p2 (getpoint p1 "\n 下一点 a:"))
      (command "pline" p1 )
      (while p2
        (command p2)
        (setq p1 p2)
      ;(setq pt p1)
      ;(autopan pt)
        (setq p2 (getpoint p1 "\n 下一点 b:"))
      (setq pt p1)
  )
      (command )
      (initget "Yes No")
      (setq kw (getkword "\n 光滑吗? y/n,<n>"))
(if (= kw "Yes") (command "PEDIT" "L" "F" "X"))
(if (= kw "N0") (command "ZOOM" "ALL"))
      (setq *error* m:err m:err nil)
      (princ)
  )
```

```
;自动移屏函数
;当光标在绘图窗口边缘时,该函数被调用,使绘图区域位于屏幕中央,便于图形绘制与编辑
(defun autopan( pt / k cp h x0 y0 x y)
    (if pt (progn
      (setq k (/ (CAR (GETVAR "SCREENSIZE")) (CADR (GETVAR "SCREENSIZE"))))
        (setq cp (getvar "VIEWCTR"))
        setq h (getvar "VIEWSIZE"))
        (setq x0 (− (car cp) (* h 0.5 k)))
        (setq y0 (− (cadr cp) (/ h 2.0)))
        (setq y (car pt) x (cadr pt))
        (if (or (< y y0) (> y (+ y0 (* h k))) (< x x0) (> x (+ x0 h)))
          (progn
            (command "pan")
            (command pt)
            (command cp)
          ))
    ))
  )
```

运行该程序的效果如图 5-10 所示。

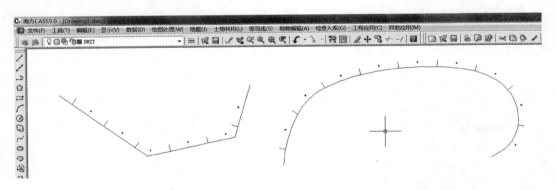

图 5-10　加固陡坎示图

例 9　等高线绘制

等高线绘制分为两种情况,一是大范围绘制等高线,二是局部(或单条)绘制等高线。对于大范围的等高线绘制,主要采用 DEM 方法来自动绘制等高线,单条等高线绘制一般采用手工交互方式完成。具体绘制时应注意首曲线、计曲线、间曲线和助曲线的线型与线宽问题,首曲线线宽 0.15 mm,线型一般为实线(水下常定义为虚线);计曲线线型与首曲线一致,线宽为 0.3 mm;间曲线和助曲线的线型为虚线(6 个单位实线,1 个单位长空白),线宽为 0.15 mm。在加固陡坎绘制程序的基础上,稍作修改即可完成单条等高线的绘制,具体程序代码如下:

```
(defun c:dgx(/ pt cp p1 p2 kw)
    (setvar "cmdecho" 0)
```

```
            (setq m:err * error * * error * * merr * )
   (setq leixing (getint "\n 1—首曲线；2—计曲线；3—间曲线:(1) " ))
         (if (= leixing nil)
            (setq leixing 1)
         )
(if (NULL dgx)
(command "layer" "n" "dgx" "L" "continuous" "dgx" "s" "dgx" "c" "GREEN" "dgx"))
         ; continuous 线型是已经定义安装了的线型
(cond ( (= 1 leixing)
         (setq width 0.15 )
         (command "layer" "s" "dgx")
         (command "linetype" "s" "bylayer")
      )
      ( (= 2 leixing)
         (setq width 0.3 )
         (command "layer" "s" "dgx")
         (command "linetype" "s" "bylayer") ;设置绘制图形元素的图层,并确定线型及颜色
)
      ( (= 3 leixing)
         (setq width 0.15 )
         (command "layer" "s" "dgx")
      (command "linetype" "s" "x12")
      )
)
                  (setq p1 (getpoint "\n 输入线段起点:"))
                  (setq pt p1)
   (autopan pt)
      (setq p2 p1)
      (setq p2 (getpoint p1 "\n 下一点 a:"))
      (command "pline" p1 "w" width )
      (while p2
         (command p2)
         (setq p1 p2)
   (setq pt p1)
   (setq p2 (getpoint p1 "\n 下一点 b:"))
   (setq pt p1)
      )
      (command )
      (initget "Yes NO")
      (setq kw (getkword "\n 光滑吗? y/n〈n〉"))
(if (= kw "Yes") (command "PEDIT" "L" "F" "X"))
(if (= kw "NO") (command "ZOOM" "ALL"))
                  (setq * error * m:err m:err nil)
```

```
                        (princ)
    )
;自动移屏函数
    ;程序省略
        )
    )
```

6）面状符号绘制

数字测图中,面积符号主要用于植被和土质符号的配置。面积符号的使用,一般分为两种情况,一是小范围的面积符号配置,另外是大范围的面积符号配置。对于小范围的面积符号配置,可以插入符号块的方法,手工交互完成,较大范围时,一般应采用程序方法来完成面积符号绘制。具体步骤是先定义好填充图案,确定面积符号范围,一般用"pline"命令画线形成闭合区域,然后用 autocad 的"hatch"命令完成面积符号绘制。

在命令提示下输入"_hatch",将显示命令行提示：

指定内部点或［特性(P)/选择对象(S)/绘图边界(W)/删除边界(B)/高级(A)/绘图次序(DR)/原点(O)］:交互输入相应选项即可完成面积符号的自动配置,整个过程可以用如下的 lisp 程序来自动完成,其效果如图 5-11 所示。

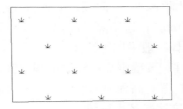

图 5-11　面积符号绘制

例 10　面积符号绘制

```
(defun c:ZBTZ(/p1 p2 kw)
                        (setvar "cmdecho" 0)
                        (setq m:err *error* *error* *merr*)
(command "layer" "s" "ZBTZ")
                        (command "color" "bylayer")
                        (command "linetype" "s" "bylayer")
                        (setq p1 (getpoint "\n 输入线段起点:"))
                        (setq p2 p1)
                        (setq p2 (getpoint p1 "\n 下一点:"))
                        (command "pline" p1 "w" width width)
                        (while p2
                            (command p2)
                           (setq p1 p2)
                           (setq p2 (getpoint p1 "\n 下一点:"))
                        )
```

```
                            (command )
                            (initget "Yes NO")
                            (setq kw1 (getkword "\n 光滑吗？ y/n〈n〉"))
              (if （= kw1 "Yes") (command "PEDIT" "L" "F" "X"))        ;曲线拟合
              (if （= kw1 "NO") (command "ZOOM" "ALL"))
          (setq ent1 (entlast))
          (command "PEDIT" ent1 "c")                    ;形成封闭区域
          (command "hatch" "1111" 1 0 "s"ent1)          ;完成图案填充
            (setq ＊error＊ m：err m：err nil)
            (princ)
    )
```

;本例中，"1111"为图案名，"1"为指定图案缩放比例，"0"为指定图案角度。

7）文字与高程注记

数字测图中的注记内容主要包括说明文字注记、高程点和比高注记等。文字注记包括地理名称注记、说明注记和各种数字注记。注记字大以毫米（mm）为单位，字级级差为 0.25 mm，数字字大在 2.0 毫米（mm）以下时，字级级差为 0.2 mm。注记字列分水平、垂直、雁行和屈曲字列。字间隔按接近、普通、隔离字隔三种方式执行，接近字隔的间隔大小为 0 mm～0.5 mm，普通字隔的间隔大小为 1.0 mm～3.0 mm，隔离字隔的间隔大小字大的 2～5 倍。字体一般采用等线体。

高程点注记要确定高程点的施测位置，一般为 0.6 mm 的实心圆，高程值注记在点位的右侧或适当位置。高程值的取位依比例尺而定，一般取位至 0.1 m～0.01 m。

例 11　文字与高程注记

```
(defun c：gczj()
   (setq p (getpoint "\n 输入注记位置："))
   (setq gcz (getstring "\n 输入注记内容："))
   (command "Layer" "m" "zj" "c" "20" "zj")
   ;(command "circle" p 0.03);可以用小圆表示点
   (command "donut" 0 0.6 p);用内径为 0 的圆环表示点
(command "_. style" "FDIM" "fzzdxjw. ttf" 2 1 0 "N" "N");字体可根据具体情况替换为相应字体
   (setq wz (getpoint "\n 输入高程点或内容注记位置："))
   (command "text" wz 2.0 0 gcz)
)
```

该程序完成高程点的注记。"style"命令的相关参数按以下顺序设置：在"输入要列出的文字样式"提示下输入样式名，将显示样式的名称、字体文件、高度、宽度比例、倾斜角和生成方式，并退出命令。输入星号（＊）或按 ENTER 键显示高度、宽度比例、倾斜角以及每种样式的生成方式（反向、颠倒、垂直或普通的文字绘制方式），然后退出此命令。

8）工程图绘制

纵横断面图绘制是工程测量的重要成果，其绘制方法基本相同。对于数量较多时，断面测量的数据一般是用文件形式组织，用 lisp 程序来自动完成断面图绘制，例题 12 运行后，其效果如图 5-12 所示。

该程序能打开断面数据文件,按 1:100 的比例尺绘制断面图,并注记断面点到中桩的距离与高程。对横断面数据文件的格式要求如下:

距离,	高程
-20.5,	44.96
-12.6,	45.78
-5.5,	46.78
0,	44.68
5.8,	45.13
10.3,	46.89
20.1,	45.32

文件中,中桩的距离输入"0",其他点从左到右输入,并规定左边为负,右边为正。纵断面数据格式与横断面数据文件的格式类似,格式如下:

里程,	高程
0,	35.23
20,	32.78
30,	35.56
40,	46.89
60,	45.32

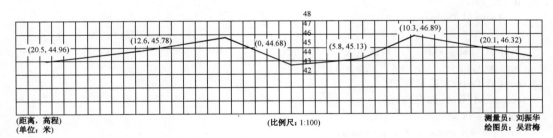

图 5-12 横断面图

例 12 绘制断面图

```
;hdmt
(defun c:dm(/ yn)
(setvar "cmdecho" 0)
(command "layer" "n" "HDM" "l" "continuous" "HDM" "s" "HDM" "c" "white" "HDM")
(setq filen (getfiled "请输入展点数据文件名:" "" "*.dat" "dat" 12))
(setq fp (open filen "r"))
(setq psum nil)
    (setq pstr (read-line fp))        ;按行读入文件
    (setq k (strlen pstr))            ;确定行字符串的长度
    (setq pp 1)
```

```
                    (setq i1 1)
                    (setq i2 1)
                    (setq id 0)
                    (setq demo″ ″)
                    (while (<= i2 k)
                            (setq str (substr pstr i2 1))
                            (setq id (+ id 1))
                              (cond ((and (or(= str ″,″) (= i2 k)) (= pp 1)) ;找出逗号″,″的位置
                              (setq id ( - id 1))
                              (setq aa (substr pstr i1 id ))
                              (setq pp 2)
                              (setq id 0)
                              (setq i1 ( + i2 1))
                              (setq y (atof aa))
                              )
                               ( (and ( or(= str ″,″) (= i2 k)) (= pp 2))
                               ;(setq id ( - id 1))
                               (setq ystr (substr pstr i1 id ))
                               (setq pp 3)
                               (setq id 0)
                               (setq i1 ( + i2 1))
                               (setq x (atof ystr))
                               )
                               )
                            (setq i2 (+ i2 1))
                            )
          (if (< y 0)
                (setq a1 (substr pstr 2 k))
          )
          (setq p1 (list y x))          ;构成点表
          (setq pa (list (+ 0.5 y) (+ 0.5 x)))
          (setq a1 (strcat ″(″ a1″)″))
          (command ″text″ pa ″0.3″ a1)
          (setq ty y tx x)
          (setq ymax y xmax x ymin y xmin x)
          (while (/= (setq pstr (read-line fp)) nil)
              (setq k (strlen pstr))
              (setq pp 1)
              (setq i1 1)
              (setq i2 1)
              (setq id 0)
              (setq demo )
              (while (<= i2 k)
                      (setq str (substr pstr i2 1))
                      (setq id (+ id 1))
                        (cond ((and (or(= str ″,″) (= i2 k)) (= pp 1))
                        (setq id ( - id 1))
                        (setq bb (substr pstr i1 id ))
                        (setq pp 2)
```

```
              (setq id 0)
              (setq i1 ( + i2 1))
              (setq y (atof bb))
          )
          ( (and ( or(= str ",") (= i2 k)) (= pp 2))
            ;(setq id ( - id 1))
            (setq ystr (substr pstr i1 id ))
            (setq pp 3)
            (setq id 0)
            (setq i1 ( + i2 1))
            (setq x (atof ystr))
          )
          )
          (setq i2 ( + i2 1))
          )
    (setq p1 (list ty tx ))
    (setq p2 (list y x ))
    (setq ymax (max ymax y))
    (setq ymin (min ymin y))
    (setq xmax (max xmax x))
    (setq xmin (min xmin x))
    (command "pline" p1 "w" 0.03 "p2" )
    (setq p3 (list ( + 0.5 y ) ( + 0.5 x )))
      (if (<y 0)
        (setq pstr(substr pstr 2 k))
        ;(setq bb (strcat "(" bb ")"))
             )
    (setq bb (strcat "(" pstr ")"))
    (command "text" p3 "0.3" bb )
    (setq ty y tx x)
)
( close fp )
    (setq ymax (fix ymax))
    (setq ymin (fix ymin))
    (setq xmax ( + (fix xmax) 2))
    (setq xmin ( - (fix xmin) 2))
    (setq nx ( - xmax xmin))
    (setq i 0 )
    (while (<= i nx)
    (setq p4 (list 0.25 ( + i xmin 0.2 )))
    (setq h ( + i xmin ))
    (command "text" p4 "0.5"h )
    (setq i ( + 1 i))
       )
    ;以下为绘制格网代码
    (setq pt1 (getpoint "\n 输入格网左下角:"))
```

```
(setq pt2 (getpoint "\n 输入格网右上角:"))
(setq xa1 (fix (car pt1)))
(setq ya1 (fix ( cadr pt1)))
(setq xa2 (fix (car pt2)))
(setq ya2 (fix (cadr pt2)))
(setq nh (− xa2 xa1))
(setq nw (− ya2 ya1))
(setq px xa1)
(setq py ya1)
(setq i 0)
(repeat nw
            (command "line" (list px              (+ py i))
                    (list (+ px (− nh 1)) (+ py i))
            )
            (setq i (+ 1 i))
        );repeat
(setq i 0)
    (repeat nh
            (command "line" (list (+ px i)          py)
                    (list (+ px i)          (+ py (− nw 1)))
            )
            (setq i (+ 1 i))
            )
(setq p1 (list (− px 2) (− py 2) 0))
(setq p2 (list (+ xa2 1) (+ ya2 1) 0))
(command "_rectang" "w" 0.003 p1 p2)
;(setq p3 (list (+ ( / (+ px xa2) 2) 3) (− (/ (+ py ya2) 2) 2))))
(setq pz (/ (+ px xa2) 2))
(command "text" (list (− px 0) (− py 0.75)) "0.5" "(距离,高程)")
(command "text" (list (− px 0) (− py 1.75)) "0.5" "(单位:米)")
(command "text" (list (− xa2 7.0) (− py 0.75)) "0.5" "测量员:刘振华")
(command "text" (list (− xa2 7.0) (− py 1.75)) "0.5" "绘图员:吴君梅")
(command "text" (list (− pz 2) (− py 1.00)) "0.5" "比例尺:1:100")
(setq dmh (getstring "\n 输入断面桩号或名称:"))
(command "text" (list (− pz 2) (+ ya2 2.00)) "1" dmh )
(command "zoom" "a")
)
```

9) 栅格影像图定向

在原图数字化时,栅格影像图插入后,一般都会出现图 5-13 所示情况,即图像的位置、大小和方向不正确,需要校正,此过程称为栅格影像图定向。用例题 13 的 LISP 程序,能自动完成该过程。将扫描图像插入 CAD,利用该程序对图像定向后就可以在 CAD 中进行矢量化作图,是一个很实用的小程序。

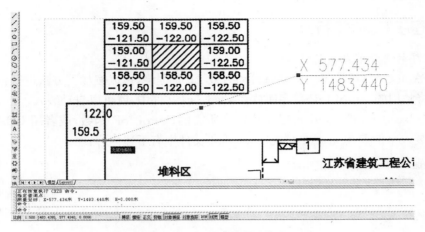

图 5-13 未定向栅格影像图

例 13 栅格影像图定向

```
;txdx
(defun c:dx ( )
 (setq e (entsel "\n 选择定向的图像:"));选择图像
 (if e
  (progn
(setq PicEnt (car e))
(setq pa (getpoint "\n 选择第一定向点:"))
(setq c (getpoint "\n 输入第一定向点坐标(y,x):"))
(setq pb (getpoint "\n 选择第二定向点:"))
(setq d (getpoint "\n 输入第二定向点坐标(y,x):"))
(setq ya (car pa)) (setq xa (cadr pa))
(setq yb (car pb)) (setq xb (cadr pb))
(setq yc (car c)) (setq xc (cadr c))
(setq yd (car d)) (setq xd (cadr d))
 (setq dxab (- xb xa)) (setq dyab (- yb ya))
 (setq dxcd (- xd xc)) (setq dycd (- yd yc))
 (setq sab (distance pa pb))
 (setq scd (distance c d))
 (setq k (/ scd sab));图像的缩放系数
 (setq ange1 (atan dyab dxab))
 (setq ange2 (atan dycd dxcd))
 (setq ange0 (- ange1 ange2));图像的旋转角
 (setq k1 (* (/ 180 pi) ange0))
 (setq k1 (- (angle c d) (angle pa pb)))
(setvar "aunits"3)
(command "move" picent pa c);移至正确位置
(command "rotate"picent c k1);旋至正确方向
(command "scale" picent c k);缩放至正确大小
  )
  (alert "没有选择到物体,请重选!")
 )
 (command "zoom" "all")
 (princ)
)
```

5.3.3 程序的装载运行

1）程序的自动装载运行

要在 AutoCAD 系统每次启动时自动装载 LISP 程序，可以按如下方法进行：

（1）将常用的 AutoLISP 程序库放在 acad. lsp 文件中，就可以自动装入。

（2）在"acad. mnl"文件中可以直接定义所需的 AutoLISP 函数，或者用 LOAD 函数从其他文件装入。例如在"acad. lsp"或"acad. mnl"文件中有下述内容：

（load "sdf"）；装入 sdf. lsp
（load "xtc"）；装入 xtc. lsp
…
（princ）

如果上述 sdf. lsp、xtc. lsp 文件在搜索的路径内，在启动 CAD 后就可以装入并使用它们。

2）在命令行运行

如果程序"GPS. lsp"编辑好后存放在"c:\mylisp"目录中，则在命令行键入：

（load "c:/mylisp/GPS. lsp"）

即可调入编好的源程序，若无错误，则提示行会显示：c：GPS ；然后键入"PGS"新命令名即可运行。

3）通过菜单调入运行

通过菜单调入运行步骤如下：

（1）在命令行键入"appload"命令，出现装载应用的对话框，如图 5-14 所示。

图 5-14 加载、卸载应用程序界面

（2）然后按提示选择需要的源程序调入即可。若装载应用程序无语法错误，则返回装载应用程序成功的信息。关闭对话框后，键入新命令名后就可以运行了。

（3）若希望每次启动时自动加载某应用程序,图 5-14 中点击启动组的"内容"按钮,进入启动组界面,如图 5-15 所示。

（4）选择要加载的应用程序,如 gps.lsp,点击"添加"按钮即可。

图 5-15　启动组添加应用程序界面

通过以上设置后,每次启动 CAD 时,系统自动加载用户定义的应用程序,如 gps.lsp,这样就可以直接应用了。

5.4　Visual LISP 环境使用

5.4.1　Visual LISP 的启动

（1）在命令窗口输入"VLISP"即可进入 Visual LISP 编程环境,如图 5-16 所示。

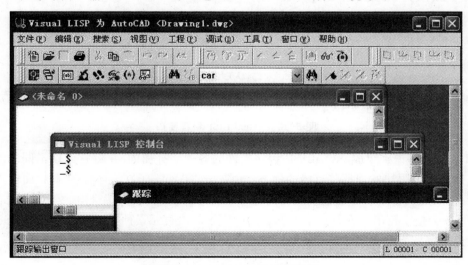

图 5-16　Visual LISP 编程环境

主要程序窗口有文字编辑器窗口(窗口标题为"〈未命名〉")、Visual LISP 控制台和跟踪窗口等,如图 5-17 所示。

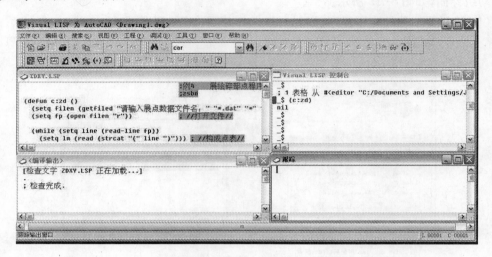

图 5-17　控制台、跟踪等窗口

(2) 在文件/打开文件菜单,调入"ZD. LSP"程序后的界面如图 5-18 所示。

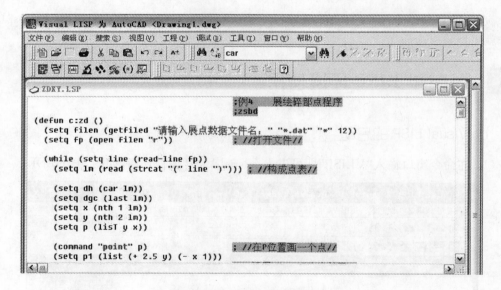

图 5-18　Visual LISP 编程窗口

VLISP 能够识别组成 AutoLISP 程序文件的各种字符和词,并将它们以不同的颜色亮显。这样您可以很快发现那些有错的地方。例如,如果您忘了在文本字符串后面输入右引号,接着输入的所有字符都会显示成洋红色,因为洋红色代表文本字符串。当您输入右引号后,VLISP 会把字符串后面的文本根据它们所表示的语言元素种类正确着色。VLISP 缺省代码着色方案如表 5-5 所示。

表 5-5　缺省代码着色方案表

语言元素	颜色
内部函数和受保护的符号	蓝色
字符串	洋红色
整数	绿色
实数	墨绿色
注释	灰色背景、洋红色
括号	红色
用户变量等	黑色

当输入文本时,VLISP 也会通过添加空格和缩进来设置其格式。如果希望 VLISP 设置从其他文件复制到 VLISP 文本编辑器的代码的格式,可从 VLISP 菜单中选择"工具"→"设置编辑器中代码的格式"。

5.4.2　使用 Visual LISP 编写应用程序的步骤

（1）从 VLISP 的"文件"菜单中选择"新建文件"。

（2）在文字编辑器窗口（窗口标题为"〈未命名 0〉"）中输入程序代码。

（3）从菜单中选择文件→另存为并将新代码文件保存 *.lsp。

（4）检查输入的代码是否正确。

5.4.3　使用 Visual LISP 调试程序的步骤

在 VLISP 提供了相当全面的调试功能,包括跟踪程序的执行过程、跟踪程序中变量值的变化、单步运行程序、中断程序的执行、查看表达式的求值顺序、检验函数调用时的参数值、检验堆栈等。利用 Visual LISP 的工具可以很方便地实现这些调试功能,下面简要介绍监视窗口调试程序、逐步调试程序和自动分步调试程序的基本步骤。

1）利用监视窗口调试程序

（1）在编辑窗口编辑或加载 SDF.LSP 程序,并检查有无语法错误。

检查语法错误的方法是选择菜单"工具"→"检查编辑器中的文字"或点击图标 ，此时在编译输出窗口显示";检查完成",说明程序无语法错误。

（2）确定要监视的变量

选择菜单"调试"→"添加监视"或点击图标 ，在添加监视窗口分别填入变量 p1、p2、p3 并点击确定,如图 5-19 所示。

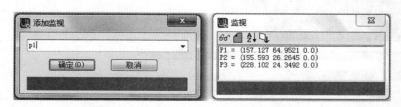

图 5-19　监视窗口

（3）运行调试

选择菜单"工具"→"检查编辑器中的文字"或点击图标 ，进入 Visual LISP 控制台窗口，输入(c:sdf)回车，即可进入 AutoCAD 绘图窗口运行程序。

输入房屋三点后，在监视窗口可以看到变量 p1、p2、p3 坐标数字，如图 5-20 所示。

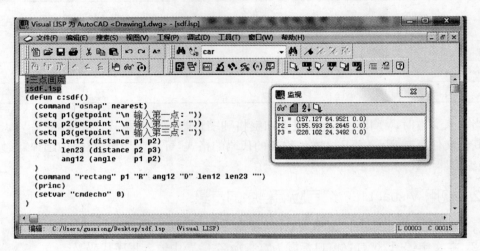

图 5-20　监视窗口

（4）同样方法可以查看、监视其他变量，直至程序调试完成。

2）逐步调试程序

逐步调试程序法步骤如下：

（1）在编辑窗口编辑或加载程序，如上例 SDF. LSP。

（2）选择菜单"调试"→"立即停止"，使它处于打开状态。

（3）切换至 AutoCAD 绘图窗口，命令行输入"SDF"后，此时会自动切换至 Visual LISP 的文本编辑窗口，如图 5-21 所示。

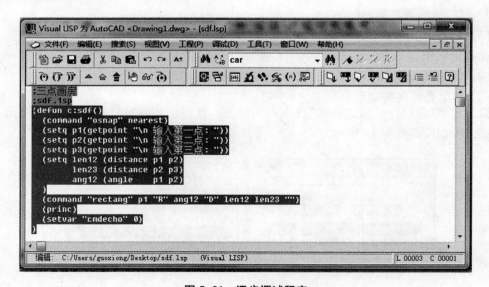

图 5-21　逐步调试程序

（4）此时光标停在"defun"位置，并且整个程序被加亮显示。

（5）选择菜单"调试"→"下一个嵌套表达式"，然后按 F8 即可逐步调试各表达式和整个程序。

3）自动分步调试

自动分步调试程序法步骤如下：

（1）在编辑窗口编辑或加载程序，如上例 SDF. LSP，设置好监视变量。

（2）选择菜单"调试"→"自动执行"。

（3）切换至 AutoCAD 绘图窗口，命令行输入"SDF"后，此时会自动切换至 Visual lisp 的文本编辑窗口，如图 5-22 所示。

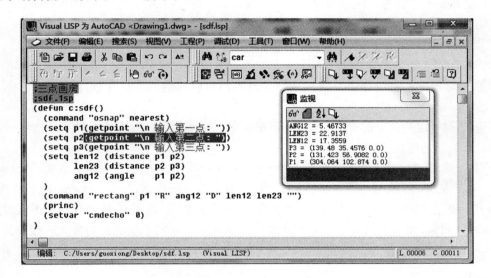

图 5-22　自动分步调试

（4）程序在编辑窗口和 AutoCAD 绘图窗口间自动切换，交互输入相关参数，即可自动完成全部调试。

5.4.4　在 Visual LISP 环境中运行 lisp 程序

在 VLISP 中运行 LISP 程序，可使用 VLISP 的许多调试功能来研究应用程序中可能出现的问题。加载和运行程序的步骤如下：

（1）在文字编辑窗口处于活动状态时，从 VLISP 菜单中选择"工具""加载编辑器中的文字"。

（2）在 VLISP 控制台窗口中的 _$ 提示下输入（C：函数名）

控制台窗口认为命令是按 AutoLISP 语法输入的，因此所有函数名都必须放在括号内。

（3）按 ENTER 键或单击"OK"以响应信息窗口。

最后一条信息应该是"Congratulations-your program is complete!"，如果运行程序时 AutoCAD 已经最小化，那么在恢复 AutoCAD 窗口（用任务栏或按 ALT ＋ TAB 组合键）之前将不会看到提示。

5.5 VBA 开发技术简介

5.5.1 VBA 在 AutoCAD 开发中的应用

Microsoft VBA 是一个面向对象的编程环境，可提供类似 Visual Basic（VB）的丰富开发功能。VBA 和 VB 的主要差别是 VBA 和 AutoCAD 在同一进程空间中运行，提供的是具有 AutoCAD 智能的、非常快速的编程环境。VBA 也向其他支持 VBA 的应用程序提供应用程序集成。这就意味着 AutoCAD（使用其他应用程序对象库）可以是如 Microsoft Word 或 Excel 之类的其他应用程序的 Automation 控制程序。

VBA 应用程序开发有四大优点：

① Visual Basic 编程环境易于学习和使用。

② VBA 可与 AutoCAD 在同一进程空间中运行。这使程序执行得非常快。

③ 对话框的构造快速而有效。这使开发人员可以构造原型应用程序并迅速收到设计的反馈。

④ 工程可以是独立的，也可以嵌入到图形中。这样就为开发人员提供了非常灵活的方式来发布他们的应用程序。

VBA 通过 AutoCAD ActiveX Automation 接口将消息发送到 AutoCAD。AutoCAD VBA 允许 VBA 环境与 AutoCAD 同时运行，并通过 ActiveX Automation 接口对 AutoCAD 进行编程控制。AutoCAD、ActiveX Automation 和 VBA 的这种结合方式不仅为操作 AutoCAD 对象，而且为向其他应用程序发送或检索数据提供了功能极为强大的接口。

5.5.2 VBA 开发环境使用方法

1）VBA 的启动

在 AutoCAD map 3D 命令窗口输入："VBAIDE"或选择菜单"工具"→"宏（A）"→"Visual Basic"菜单进入 VBA 编辑环境如图 5-23 所示。

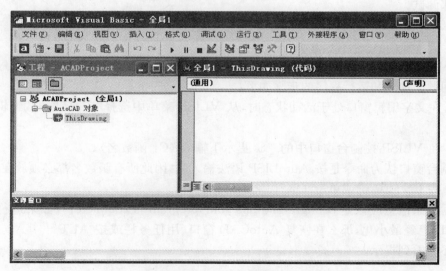

图 5-23 VBA 编辑环境界面

2）简单 VAB 应用程序开发

现以在 CAD 绘图窗口绘制一个圆为例说明 VBA 程序编辑、运行的步骤。

（1）在窗体上设计两个按钮，如图 5-24 所示。

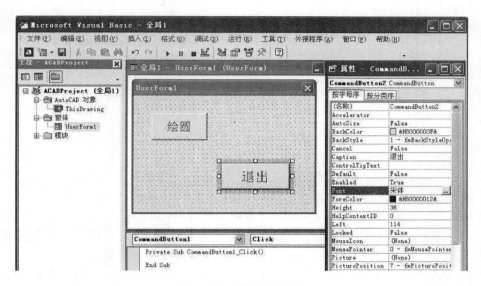

图 5-24 新建窗体界面

（2）在两个代码窗口上分别填写相应代码，如图 5-25 所示。

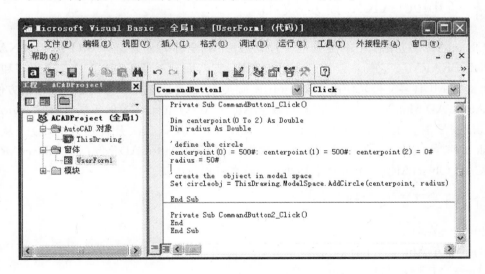

图 5-25 代码窗口

（3）在 VBA 编辑环境运行该程序后，AutoCAD 环境的绘图效果如图 5-26 所示。

3）常用 AutoCAD VBA 命令

VBAIDE 激活 VBA IDE，进入 VBA 编辑环境。

VBALOAD 将 VBA 工程加载到当前的 AutoCAD 任务中。

VBARUN 从"宏"对话框或 AutoCAD 命令行中运行 VBA 宏。

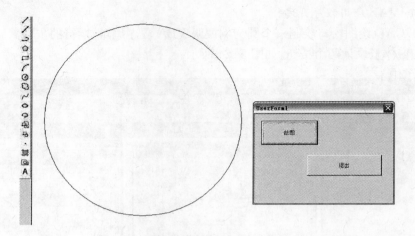

图 5-26　AutoCAD 绘图窗口

VBAUNLOAD　从当前 AutoCAD 任务中卸载 VBA 工程。
　　　　　　如果 VBA 工程被修改过且尚未保存,将会出现"保存工程"对话框
　　　　　　(或对等的命令行)询问用户是否要保存该工程。
VBAMAN　　 显示 VBA 管理器,供用户查看、创建、加载、关闭、内嵌和提取工程。
VBASTMT　　从 AutoCAD 命令行执行 VBA 语句。

5.6　ObjectARX 开发技术

ObjectARX 应用程序本质上是一种动态库,其全称为动态链接库(DLL:DYNAMIC LINK LIBRARY)。它的主要优点在于速度快、支持面向对象编程、可以直接访问和控制 CAD、支持 MDI(多文档)、使用 Microsoft 基础类库、可自定义类和与其他环境通信方便。

AutoCAD Map 3D ObjectARX 是基于 AutoCAD ObjectARX 的扩展。通常 AutoCAD Map 3D 安置时没有安置 AutoCAD Map 3D ObjectARX,二次开发需要时,应先从 Autodesk 的官网(www. autodesk. com)下载相同版本的 AutoCAD Map 3D ObjectARX 和 AutoCAD ObjectARX。本节介绍其开发的基本过程与步骤。

5.6.1　开发环境及定制

1) 软件要求
为了开发 AutoCAD Map 3D ObjectARX 应用程序,开发环境应安装下列软件:
AutoCAD Map 3D(或 AutoCAD)
AutoCAD Map 3D ObjectARX
AutoCAD 2013 ObjectARX
Microsoft Visual Studio 2010 (注意选用相应版本)
2) Windows 操作系统基本要求
• Windows 7 64—bit, Windows Vista 64—bit, or Windows XP Professional x64 Edition and AMD Athlon with SSE2 technology or AMD Opteron with SSE2 technology or

Intel Xeon with Intel EM64T support with SSE2 technology or Intel Pentium 4 with Intel EM64T support with SSE2 technology

- 2 GB RAM 以上
- 200 MB free disk space for installation
- 1 024x768 VGA with True Color
- Microsoft® Internet Explorer® 7.0 Internet browser，available as download only

3）ObjectARX 目录内容

AutoCAD 2013 ObjectARX 安装完成后,其完整的目录树如图 5-27 所示,共 11 个子目录。

classmap 目录:包含说明 ObjectARX 类层次结构的 AutoCAD 图形。

docs 目录:包含 ObjectARX 联机帮助文件。主要的文件是 arxdoc.chm,其中包括所有其他的帮助文件。

inc 目录:包含常用的 ObjectARX 头文件。

inc－win32 目录:包含适用于 32 位操作系统的 ObjectARX 头文件。

inc－x 64 目录:包含适用于 64 位操作系统的 ObjectARX 头文件。

lib－win32 目录:包含适用于 32 位操作系统的 ObjectARX 库文件。

lib－x64 目录:包含适用于 64 位操作系统的 ObjectARX 库文件。

Redistrib 目录:包含一组 DLL,其中一些可能是 ObjectARX 应用程序运行所需的。开发人员应该将其复制到 AutoCAD 搜索路径中的一个目录,ObjectARX 应用程序再分布时应打包所需 DLL。Redistrib win32 是用于 32 位的操作系统,而 Redistrib－x64 用于 64 位操作系统。

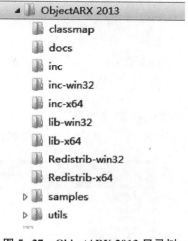

图 5- 27　ObjectARX 2013 目录树

图 5-28　Map ObjectARX 2013 目录树

samples 目录:包含 ObjectARX 应用程序的例子。示例根据其方案的特点被分组到相应子目录。除了每个子目录中的自述文件外,根目录中也提供一个摘要的自述文件。ObjectARX 的示例应用程序最重要的在 polysamp 子目录中。

utils 目录:包含扩展 ObjectARX 应用程序子目录,包括边界表示(brep)。

因为 AutoCAD Map 3D ObjectARX 是基于 AutoCAD ObjectARX 的扩展,Map ObjectARX 2013 安装目录中只增加了 Fdo、Schema(图 5-28)。

Fdo 是 feature Data Objects 的全称,是 Autodesk 地理信息解决方案的核心技术之一,用于访问地理空间数据。该目录是相关的开发技术资料。

Schema XML Schema 是以 XML 语言为基础的,它用于可替代 DTD(文档类型定义)。

4）Microsoft Visual Studio 基本使用方法

以 Visual C++语言环境为例，介绍项目新建、环境设置的操作步骤。

第一步，创建项目

（1）启动 Microsoft Visual Studio ，选择菜单"文件"→"新建" →"项目"，弹出"新建项目"对话框，如图 5-29 所示。

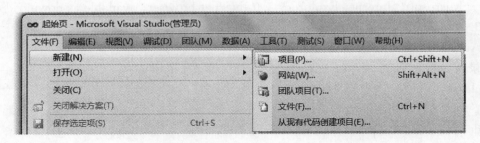

图 5-29　进入新建项目

（2）在"新建项目"对话框的"已安装的模板"中展开"Visual C++"选项，在模板中选择"Win32 项目"。然后输入工程名，输入"test1"，并选择的存放路径如图 5-30 所示。

图 5-30　新建项目对话框

（3）点击"确定"按钮，进入 Win32 应用程序向导界面，如图 5-31 所示。

（4）点击"下一步"按钮，进入选择应用程序类型对话框，如图 5-32 所示。

（5）点击"完成"按钮，完成项目的创建，如图 5-33 所示。

第二步 设置资源路径

（1）"在解决方案资源管理器"窗口，右键点击"test1"，调出下拉菜单，如图 5-34 所示，点击"属性"项，进入"属性页"。

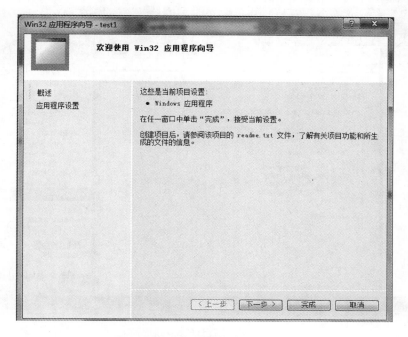

图 5-31   应用程序向导

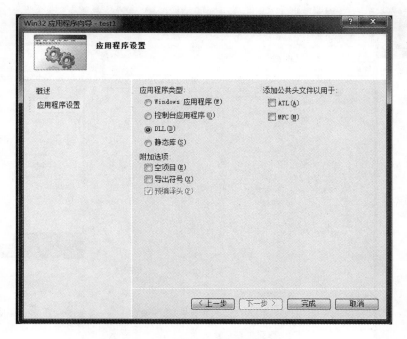

图 5-32   选择应用程序类型对话框

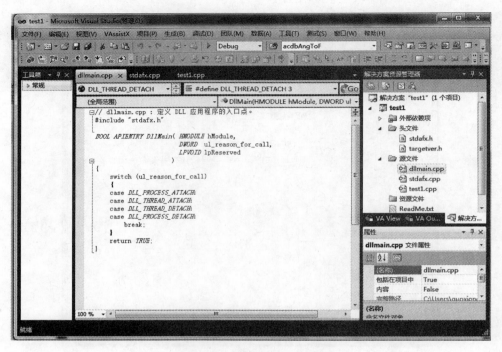

图 5-33　项目创建成功界面

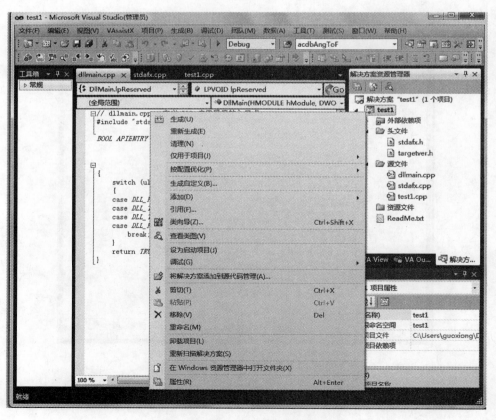

图 5-34　进入项目属性下拉菜单

（2）在下拉菜单点击"属性"项进入属性配置页。点击"配置"下拉菜单，选择"所有配置"；在 C/C++的常规选项中，配置"附加包含目录"，添加 ObjectARX 软件包中头文件存放的目录，此页其他项配置完成后，应点击"确定"键，以保存设置。如图 5-35 所示。

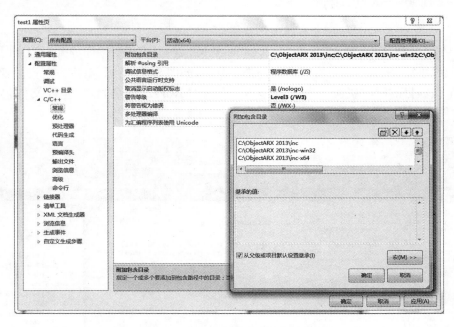

图 5-35　项目属性附加包含目录路径配置

（3）在左侧配置选项窗口点击"链接器"选项，进入"附加库目录"设置，添加 ObjectARX 软件包中库文件存放的目录，点击"确定"完成配置，如图 5-36 所示。

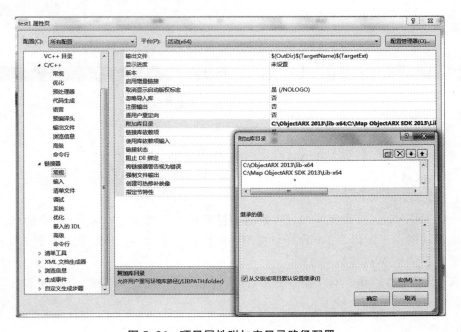

图 5-36　项目属性附加库目录路径配置

经过以上步骤配置后，就可以完成 Visual Studio 的基本配置，为程序的调试提供保证，其他的相关配置，可以参考 Visual Studio 的帮助文件。

5.6.2　ObjectARX 应用程序开发

1）ObjectARX 应用程序项目框架的生成

用 Microsoft Visual Studio 2010 和 ObjectARX 2013 应用程序向导开发程序时以项目管理的形式进行，所有与项目有关的文件都在其中，如图 5-37 所示，解决方案资源管理器窗口显示了该项目的所有资源。本例新建一个名为"Myarx2"的项目，其主要文件包括头文件、源文件、资源文件和外部依赖项。

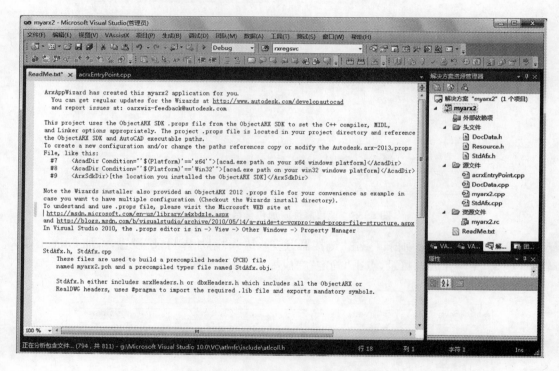

图 5-37　ObjectARX 程序文件结构

2）设置资源路径

参考图 5-34～图 5-36 内容进行包含文件和库目录的路径设置。

3）添加代码与调试

（1）添加代码

ObjectARX 2013 应用程序向导生成的项目只是一个框架，需要添加相应的代码，才能完成相应的功能。下面以在 AutoCAD 模型空间绘制一个圆，并显示"欢迎来到 ObjectARX 世界！"消息框为例说明其基本过程。

先在 acrxEntryPoint. cpp 文件的"// TODO：Add your initialization code here"行处添加如下代码：

　　AcGePoint3d center(9.0，3.0，0.0)；　　　//定义三维点，圆心

176

```
AcGeVector3d normal(0.0，0.0，1.0)；    // 定义圆的半径
AcDbCircle ∗ pCirc ＝ new AcDbCircle(center，normal，2.0)；
pCirc→setColorIndex(1)；                //设置图形颜色
AcDbBlockTable ∗ pBlockTable；
acdbHostApplicationServices()→workingDatabase()→getSymbolTable(pBlockTable,AcDb
::kForRead)；
AcDbBlockTableRecord ∗ pBlockTableRecord；
pBlockTable→getAt(ACDB_MODEL_SPACE，pBlockTableRecord,AcDb::kForWrite)；
 pBlockTable→close()；                  //关闭表
AcDbObjectId circleId；
pBlockTableRecord→appendAcDbEntity(circleId，pCirc)；
pBlockTableRecord→close()；             //关闭块
pCirc→close()；
acedAlert(_T("欢迎来到 ObjectARX 世界!"))；          //显示提示
acedAlert(_T("\nOK，退出!"))；
```

　　如图 5-38 所示，在两个断点间添加代码。

图 5-38　acrxEntryPoint. cpp 修改

（2）调试生成项目（ARX 文件）

调试时点击调试下拉菜单,或按 F5 键进入启动调试模式,若无语法错误,左下角会提示"生成成功",然后按 F6 键生成解决方案。

4) ARX 应用程序的加载/卸载

生成解决方案的主要目的是生成 ARX 文件,在该文件生成后,可用以下方式加载/卸载:

① 用 AutoLISP 函数(arxload "program_name")加载 ARX,一般可以在用户的应用程序中添加相应语句即可。同样,可以用 AutoLISP 函数(arxunload "program_name")加载 ARX。

② 用 ARX 命令加载/卸载,其操作过程如下:

在 AutoCAD 命令行输入"ARX"命令,输入"L"选项,进入加载界面,依次根据提示选择相关参数输入即可。同样在输入"ARX"命令后,输入"U"选项,即可根据提示输入要卸载的文件名即可。

③ 用"APPLOAD"命令加载,其操作过程如下:

在 AutoCAD 命令行输入"APPLOAD"命令,进入加载界面,依次根据提示选择相关参数输入即可,若操作无误,则显示加载成功,如图 5-39 所示。

图 5-39　加载或卸载应用程序成功后启动组界面

在图 5-40 所示界面中,点击"已加载的应用程序"栏,选择需要卸载的程序,此时"卸载"按钮激活,点击即可卸载该程序。

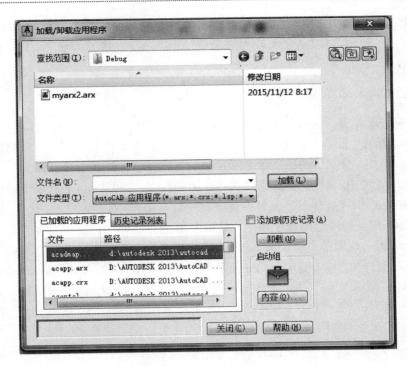

图 5-40 ARX 程序卸载

5）程序运行

ARX 应用程序加载成功后即可运行，定义了新命令的，输入相应命令即可执行 ARX 的相应功能。Myarx2. arx 程序执行后，在模型空间绘一个圆的图形，并可显示"欢迎"与"退出"的两个对话框，如图 5-41 所示。

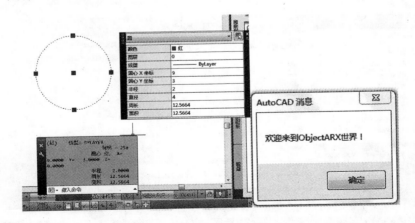

图 5-41 运行效果

5.7 .NET 开发技术

Autodesk 公司为 AutoCAD 软件提供了 LISP、ADS、ObjectARX、ActiveX Automation

和 AutoCAD. NET API 五种二次开发方式,基于 C♯ 的 AutoCAD. NET API 二次开发技术完全面向对象,使用方便,是目前较为理想的 AutoCAD 二次开发技术,本节介绍其基本方法与步骤。

5.7.1　AutoCAD. NET API 基础

为了方便二次开发,AutoCAD. NET API 提供了相应的 DLL 文件,这些 DLL 文件包括了大量的类、结构、方法及事件,利用它们可以访问图形文件和 AutoCAD 程序对象。经常使用的 AutoCAD. NET API DLL 文件有:

- **AcCoreMgd. dll**——处理编辑器、发布、打印、定义命令和 **AutoLISP** 函数时引用
- **AcDbMgd. dll**——处理图形文件中存储对象时引用
- **AcMgd. dll**——处理应用程序和用户接口时引用
- **AcCui. dll**——处理用户自定义文件时引用

这些 DLL 文件位于 Autodesk 的安装目录下:**\Program Files\Autodesk**《release〉,或者位于 **ObjectARX SDK** 安装目录的 **inc** 子目录中,建议采用 **inc** 子目录中的 DLL 文件。

在使用这些 DLL 文件提供的类、结构、方法及事件前,应在相应的工程中引用相应的 DLL 文件,引用后才能使用该 DLL 文件中定义的命名空间和 API 组件。

5.7.2　基于 C♯ .NET 的 AutoCAD 二次开发步骤

基于 C♯ .NET 的 AutoCAD 二次开发的基本步骤如下:

1) 启动 VS2010 新建类库

如图 5-42 所示,在新建项目对话框中,选择类库名称、保存位置后,完成项目创建,进入类库代码编辑界面如图 5-43 所示。

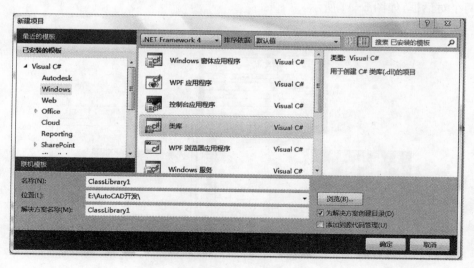

图 5-42　创建新项目

2) 添加引用

在右侧解决方案管理器中,鼠标右击"引用"显示添加引用菜单,选择"添加引用"选项,

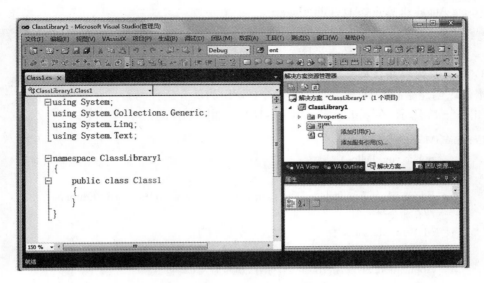

图 5-43 类库代码编辑窗口

进入引用管理器对话框,如图 5-44 所示。按照 AutoCAD 或 ObjectARX SDK 的安装目录分别添加 AcDbMgd. dll、AcMgd. dll、AcCui. dll 和 AcCoreMgd. dll 等 DLL 文件。

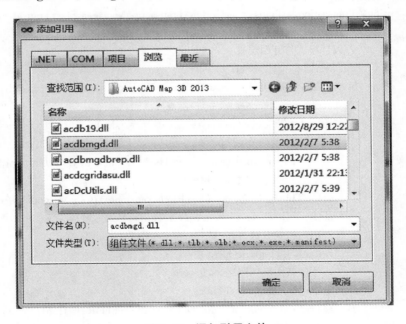

图 5-44 添加引用文件

然后在代码窗口添加如下引用:

using Autodesk. AutoCAD;
  using Autodesk. AutoCAD. Geometry;
  using Autodesk. AutoCAD. DatabaseServices;
  using Autodesk. AutoCAD. ApplicationServices;

```
using Autodesk. AutoCAD. EditorInput；
using Autodesk. AutoCAD. Runtime；
using Autodesk. AutoCAD. Colors；
```

3) 编写应用程序代码

本例以创建绘制 GSP 控制点符号命令(GPS)为例介绍代码编写方法。

如图 5-43 所示,在"public class Class1"处添加以下代码:

```
[CommandMethod("gps")]
        public void hello()
        {
        Editor ed = Application. DocumentManager. MdiActiveDocument. Editor；
        //在命令行输出
        ed. WriteMessage("你好,欢迎加入 C#世界!")；
        //在信息框中输出
        Application. ShowAlertDialog("你好,欢迎加入 C#世界!")；
        //获取当前文档和数据库
            Document acDoc = Application. DocumentManager. MdiActiveDocument；
            Database acCurDb = acDoc. Database；
        //启动事务
        using (Transaction acTrans = acCurDb. TransactionManager. StartTransaction())
            {
                //以读模式打开图层表
                LayerTable acLyrTbl；
        acLyrTbl=acTrans. GetObject(acCurDb. LayerTableId,OpenMode. ForRead)as ayerTable；
                string newlayerName = "控制点"；
                if (acLyrTbl. Has(newlayerName) == false)
                    {
                        LayerTableRecord acLyrTblRec = new LayerTableRecord()；
                        //赋予图层颜色和名称
                    acLyrTblRec. Color= Color. FromColorIndex(ColorMethod. ByAci, 1)；
                    acLyrTblRec. Name = newlayerName；
                    //以写模式升级打开图层表
                    acLyrTbl. UpgradeOpen()；
                    //添加新图层到图层表,记录事务
                    acLyrTbl. Add(acLyrTblRec)；
                    acTrans. AddNewlyCreatedDBObject(acLyrTblRec, true)；
                    }//新建图层完成
                if (acLyrTbl. Has(newlayerName) == true)
                {
                    acCurDb. Clayer = acLyrTbl[newlayerName]；
                }
                //以读模式打开块表
                BlockTable acBlkTbl；
```

```
                 acBlkTbl = acTrans. GetObject (acCurDb. BlockTableId, OpenMode. ForRead) as
BlockTable;
                 //以写模式打开 block 表记录 model 空间
                 BlockTableRecord acBlkTblRec;
                 acBlkTblRec = acTrans. GetObject (acBlkTbl[BlockTableRecord. ModelSpace],
OpenMode. ForWrite) as BlockTableRecord;
                 //获取 EDITOR
                 Editor ed1 = Application. DocumentManager. MdiActiveDocument. Editor;
                 // 获取鼠标位置数据
                 PromptPointOptions promptPtOp = new PromptPointOptions("\n 请输入符号
中心:");
                 PromptPointResult resPt;
                 resPt =ed1. GetPoint(promptPtOp);
                 //显示输入点坐标
                 //Application. ShowAlertDialog(resPt. Value);
                 // 输入控制点名
                 PromptStringOptions pStrOpts1 = new PromptStringOptions("\n 请输入控制点
名:");//输入提示
                 pStrOpts1. AllowSpaces = true;
                 PromptResult pStrRes1 =acDoc. Editor. GetString(pStrOpts1);
                 //输入控制点高程
                 PromptStringOptions pStrOpts2 = new PromptStringOptions("\n 请输入控制点
高程:");
                 pStrOpts2. AllowSpaces = true;
        PromptResult pStrRes2 = acDoc. Editor. GetString(pStrOpts2);
                 //显示输入的内容
                 Application. ShowAlertDialog("控制点名为:" + pStrRes1. StringResult + pStrRes2.
StringResult);

                 string DMING = pStrRes1. StringResult;
                 string GAOCHENG = pStrRes2. StringResult;

                 //创建圆
                 Circle newCirc = new Circle();
                 newCirc. Center = resPt. Value;//鼠标位置(XY)传递给圆心变量
                 newCirc. Radius = 8. 66;
                 Circle newCirc2 = new Circle();
                 newCirc2. Center = resPt. Value;//鼠标位置(XY)传递给圆心变量
                 newCirc2. Radius = 0. 01;

                 Point3d ptYX = new Point3d(resPt. Value. X+20, resPt. Value. Y, 0);
                 Point3d ptEnd = new Point3d(resPt. Value. X + 50, resPt. Value. Y, 0);

                 //绘制一条直线
                 Line ent = new Line(ptYX, ptEnd);
                 //Point3d pt1 = new Point3d(resPt. Value. X−15, resPt. Value. Y−8. 66,0);
```

```
// Point3d pt2 = new Point3d(resPt. Value. X+15, resPt. Value. Y-8. 66,0);
// Point3d pt3 = new Point3d(resPt. Value. X, resPt. Value. Y+17. 32,0);

//定义 2 维多义线
Polyline acPoly = new Polyline();
//2 维多义线顶点赋值
Point2d pt1 = new Point2d(resPt. Value. X - 15, resPt. Value. Y - 8. 66);
Point2d pt2 = new Point2d(resPt. Value. X + 15, resPt. Value. Y - 8. 66);
Point2d pt3 = new Point2d(resPt. Value. X, resPt. Value. Y + 17. 32);
    acPoly. AddVertexAt(0, pt1, 0, 0, 0);
    acPoly. AddVertexAt(1, pt2, 0, 0, 0);
    acPoly. AddVertexAt(2, pt3, 0, 0, 0);
    DBText actext1 = new DBText();
    actext1. Position = new Point3d(resPt. Value. X + 25, resPt. Value. Y+5, 0);
     actext1. Height = 5;
     actext1. TextString = DMING;
     DBText actext2 = new DBText();
    actext2. Position = new Point3d(resPt. Value. X + 25, resPt. Value. Y -7, 0);
    actext2. Height = 5;
    actext2. TextString = GAOCHENG;

    //设置实体(圆、直线、文字)所在的层
    newCirc. Layer = newlayerName;
    ent. Layer = newlayerName;
    actext1. Layer = newlayerName;
    //在块表中添加实体
    acBlkTblRec. AppendEntity(newCirc);
    acBlkTblRec. AppendEntity(newCirc2);
    acBlkTblRec. AppendEntity(ent);

    acBlkTblRec. AppendEntity(actext1);
    acBlkTblRec. AppendEntity(actext2);
    acBlkTblRec. AppendEntity(acPoly);
    //创建实体对象
    acTrans. AddNewlyCreatedDBObject(newCirc, true);
    acTrans. AddNewlyCreatedDBObject(newCirc2, true);
    acTrans. AddNewlyCreatedDBObject(ent, true);

    acTrans. AddNewlyCreatedDBObject(actext1, true);
    acTrans. AddNewlyCreatedDBObject(actext2, true);
    acTrans. AddNewlyCreatedDBObject(acPoly, true);
    acPoly. Closed= true;
    //保存修改,关闭事务
```

```
        acTrans. Commit();
    }
}
```

4）调试、编译生成应用程序

在代码编写完成后，即可进行调试、编译生成应用程序（DLL）。

在 VS2010 中完成代码调试无误后，生成应用程序（DLL）的具体步骤是在主界面中点击"生成"菜单，选择"重新生成解决方案"，系统开始编译生成解决方案，本例生成 GPS. DLL。

5）运行

（1）启动 AutoCAD，在命令行输入"netload"命令，进入. NET 程序集（DLL 文件）选择对话框，如图 5-45 所示，选择 GPS. DLL，点击"打开"按钮即可完成该程序的加载。

图 5-45　载入 DLL 文件

（2）在命令行输入"GPS"命令，即可完成相应的功能：

- 在命令行显示：你好，欢迎加入 C♯世界！
- 在信息框显示：你好，欢迎加入 C♯世界！
- 建立"GPS"图层，颜色为红色。
- 交互完成 GPS 控制点符号与注记的绘制。

最后运行效果如图 5-46 所示。

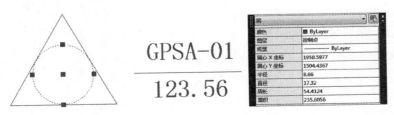

图 5-46　GPS. DLL 程序运行效果图

思考题与习题

1. 数字测图软件的基本功能有哪些？

2. AutoCAD 二次开发方法有哪些？

3. Visual LISP 支持数据类型有哪些？

4. 在 AutoCAD 中怎样运行 LISP 程序？

5. 用 Visual LISP 程序怎样为 AutoCAD 定义新命令？

6. 用 LISP 语言完成根据长宽参数画房的子程序。

7. 用 LISP 语言完成既能按点号也能按高程标识展绘碎部点的子程序。

8. 在 VLISP 环境中怎样编辑、调试和运行 LISP 程序？

9. 在 AutoCAD 中实现 VBA 有哪些优点？怎样编辑、运行 VBA 程序？

10. 简述 ARX 应用程序的开发过程。

11. .NET 应用程序开发基本步骤有哪些？

6 地形图数字化

对于已有的纸质地形图、扫描栅格地图进行数字化是数字测图的一个主要内容,本章介绍扫描图像屏幕数字化的相关知识,包括地形图扫描、预处理、图像坐标转换与图像纠正、图形要素矢量化等内容。

6.1 概述

地形图数字化(也称为矢量化)是将纸质地形图转化为数字地图的过程。目前,地形图数字化的主要方法有两种,手扶跟踪地形图数字化和扫描屏幕数字化。

手扶跟踪地形图数字化法要利用跟踪数字化仪来实现,其实质是将图解地形图(铅笔原图、晒蓝图、印刷地形图)转换成矢量格式的数字化地形图。它要解决数字化仪坐标系和地图坐标系之间的转换问题,即 X、Y 坐标的平移量、旋转角和长度比四个参数。

如图 1-7 所示,跟踪数字化仪多采用电磁感应元件制成,在结构上它由数字化平板、游标和接口装置组成。它的主要技术指标是分辨率、精确度和幅面大小等。分辨率是能分开相邻两点的最小间距,一般为 0.01~0.05 mm,精确度是测量值和实际值的符合精度,一般为 0.1~0.2 mm,幅面大小一般有 A1 或 A0 等幅面。

手扶跟踪地形图数字化作业的劳动强度大,效率也不高,现在已基本被扫描屏幕数字化方法替代。

地图扫描屏幕数字化时,先将地图用扫描数字化仪扫描生成栅格图像,然后用矢量化软件对其矢量化,即将栅格图像(数据)转换为矢量图形(数据)。

地图扫描屏幕数字化又可分为人机交互与自动化跟踪两种方法。人机交互屏幕数字化地形图的基本过程是将地形图扫描、图形定向、人机交互地形要素矢量化、辅助要素编辑出图。自动化跟踪方法与人机交互屏幕数字化地形图的基本过程相同,区别在于地形要素矢量化的自动化。这两种方法的作业效率要高于手扶跟踪地形图数字化。

扫描数字化仪的主要技术指标是分辨率、精度、扫描速度和幅面大小。分辨率最小值应达到 0.025 mm,精确度应不低于 0.1 mm,扫描速度在 80 000 像元/秒以上,地形图扫描的分辨率不应低于 300 dpi,幅面大小一般可选用 A1 幅面或视工程图纸大小而定。

6.2 地图扫描与图像处理

6.2.1 地形图扫描

地形图扫描是利用扫描仪将纸质地形图转换为栅格图像的过程。地形图经扫描仪扫描后,可以获得黑白(bit)、灰度和彩色的三种图像类型图像。

黑白线条图像是最简单的图像,每个像素只用一个 bit 来记录,包含简单的黑白信息。

灰度图像包含比单一的黑或白更多的信息,可以看到真实的灰度层次,灰度图像的每个像素用多于一个 bit 来表示,能记录和显示更多的层次。8 个 bits 可以表示多达 256 级灰度,使黑白图片的层次更加丰富、准确。

彩色图像包含的信息更加复杂。为了获取彩色图像,扫描信使用基于 RGB(红 Red、绿 Green,和蓝 Blue)三原色模型,因为所有的颜色可以用红绿蓝三原色以不同数量组合而成,根据扫描机型不同,可以记录 24bits 或 36bits 的 RGB 像素。

地形图扫描的基本作业过程是:准备图纸(地形图)→设置扫描参数(主要是图像类型、分辨率等)→扫描→保存文件。

扫描后获得的栅格数据文件格式主要有 BMP、GIF、TGA、PCX、TIF、JPG 等。

6.2.2 栅格图像的处理方法

为了矢量化方便,地图用扫描数字化仪扫描后,一般都是二值像元图。扫描数字化获得的栅格数据,由于原图的原因,或扫描仪分辨率的限制,产生污点、毛刺等质量问题,在进行数字化前,有必要对其进行相关处理,以便提高栅格数据的质量。图像处理的主要内容包括图像预处理、细化处理和图像纠正处理。

图像预处理的主要目的是消除图像中无关的信息,如无效的黑斑点、空洞、凹凸和毛刺等噪声,恢复有用的真实信息和正确的图像结构。增强有关信息的可检测性和最大限度地简化数据,从而改进特征抽取、匹配和识别的可靠性。这些工作现在主要是使用相关图像处理软件人机交互来完成的。图像预处理的常用软件有 Adobe Photoshop、Fireworks MX、Corel DRAW、ArcGIS、Matlab 等。下面简要介绍 Adobe Photoshop 软件对扫描图像进行预处理的基本方法。

(1)图像的裁切

图像的裁切是对扫描的原始图像尺寸与大小进行选取,保留有用的区域,以减少自动矢量化的工作量。

用 Adobe Photoshop 进行图像的裁切有两种基本方法,一是使用裁切工具裁切,另外是 Photoshop 提供的自动裁切修齐功能,前者与 Windows 中画笔的使用方法基本相同,现介绍自动裁切修齐功能的使用方法。

在"文件"下拉菜单中选择"自动"选项,然后在自动子菜单中选择"裁切并修齐照片"即可完成自动并修齐照片功能,生成该图像的副本,即要保留的图像。如图 6-1 所示。

(2)图像旋转

用 Adobe Photoshop 进行图像的旋转有两种基本方法,一是固定角度(90°、180°)旋转,另外是任意角度旋转,前者与 Windows 中画笔的使用方法基本相同,如图 6-2 所示,逆时针旋转 90°。现介绍任意角度旋转功能的使用方法。

先选定图像基准线,即图像以此线为基准,旋转至水平状态。选择点击图像下拉菜单中的"旋转画布"选项,然后选择"任意角度"子菜单,此时角度输入对话框中自动获取了基准线

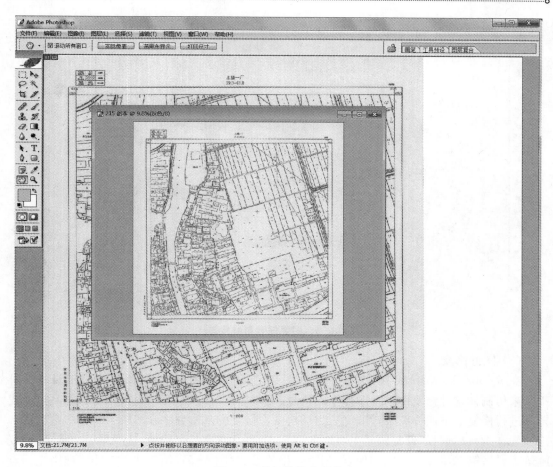

图 6-1　裁切并修齐照片

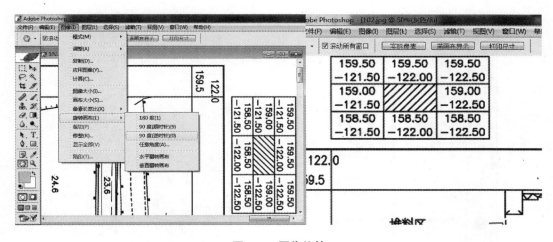

图 6-2　图像旋转

的角度（图中为 13.6°），即旋转角度，同时应选择旋转方向（顺时针、逆时针）。如图 6-3 所示，选择顺时针方向，点击"好"按钮即可完成图像的任意角度旋转。

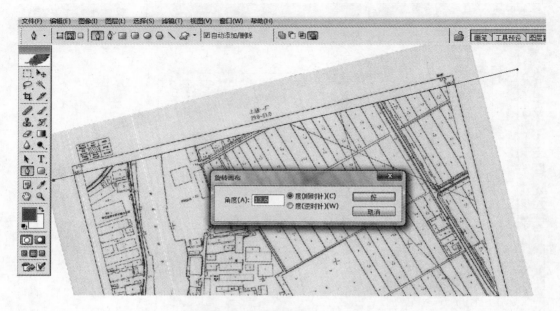

图 6-3　图像任意角度旋转

（3）图像修复

在 Adobe Photoshop 中可以使用仿制图章工具、图案图章工具、修复画笔工具和修补工具来仿制像素并修复图像。图像上的污点、毛刺等质量问题，可以直接用涂抹工具或橡皮擦来进行修复。下面介绍"修复画笔工具"对图像修复的基本方法和步骤。

先在工具栏选择"修复画笔工具"，如图 6-4 所示，它有三个选项，选择第一个选项"修复画笔工具"；第二步设置画笔的像素、间距等相关参数（图 6-5）；第三步按"Alt"键用光标点击定义样本源；第四步在需要修补区点击拖动绘制修补，其修补前后效果如图 6-6、图 6-7所示。

图 6-4　修复画笔工具

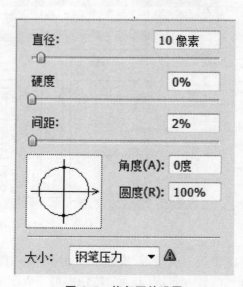

图 6-5　修复画笔设置

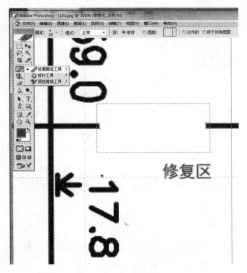

图 6-6　修复前

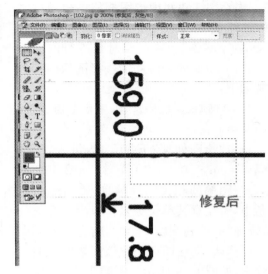

图 6-7　修复后

图像预处理另外涉及图像噪声处理、图像增强处理、线状栅格数据的细化等。

消除图像中随机噪声常用平滑技术来实现,平滑方法有中值法、局部求平均法等。

图像增强处理时对图像中的信息有选择地加强和抑制,以改善图像的视觉效果,或将图像转变为更适合于机器处理的形式,以便于数据抽取或识别。这些处理项大都可以用相应软件来实现,可以参考相关资料与文献。

线状栅格影像一般具有一定的粗度,并呈现粗细不匀的形状,因此,栅格数据矢量化应先进行线状栅格数据的细化,即提取线状栅格的轴线位置。细化的方法很多,常用的方法有最大数字计算法和边缘跟踪剥皮法等。

数字化方式不同,对栅格图的处理要求也有所不同。自动数字化时,对图像的处理要求要高。若等高线连续性差、断点太多,自动矢量化时处理就困难。另外图像中小图斑(独立点、高程点)的处理要认真仔细,不能采用程序功能统一处理,容易造成误删。

6.2.3　图像坐标转换与图像纠正

地图扫描后,栅格的位置以像元坐标行和列号表示,因此,将栅格数据转换成矢量数据要进行坐标转换。转换原理是选择若干个图上控制点或图廓点,建立控制点或图廓点的图面与实际两个坐标系之间的转换关系式,利用最小二乘法求取关系式中的系数,然后进行数字化坐标的转换。

图纸在使用过程中会有变形,在扫描时也会有误差。因此,扫描生成的图像也会有误差,特别是不均匀变形,例如图幅上方格网的长宽不相等、图幅对角线不相等现象。所以在开始矢量化前,要对图像进行处理,消除不均匀变形,这一过程称为图像几何纠正。一般纠正点不应少于 4 个,并且要分布均匀、合理,尽量选择图廓点或格网点作为定向点。几何纠正后内图廓点、公里格网点的坐标理论值之差不应大于图上 0.3 mm。

这项工作一般由相应软件来完成,下面以 Cass 为例来介绍图像纠正的基本过程与步骤。

现有 1∶1 000 地形图栅格图像数据文件，图幅范围为：（159 000，122 000）~ （159 500，122 500），现要对其进行图像纠正。采用 Cass 的相应功能进行图像纠正的步骤如下：

1）启动 Cass 软件，根据图幅范围、测图比例尺绘制图廓及辅助信息

点击"绘图处理"下拉菜单，进入"标准图幅（50 cm×50 cm）"子菜单，如图 6-8 所示，填写图幅的相关辅助信息，输入图幅左下角坐标，注意其单位为米。因为是标准分幅，选择"取整到图幅"选项。信息输入无误后，点"确认"按钮即可完成该图幅的辅助信息绘制，如图 6-9 所示。图幅生成后，将该层锁定，避免后面操作中的移动或其他误操作。

该项工作也可以在数字化结束时进行，此时先做有利于图像纠正时的坐标输入，特别是要多点输入坐标的情况。

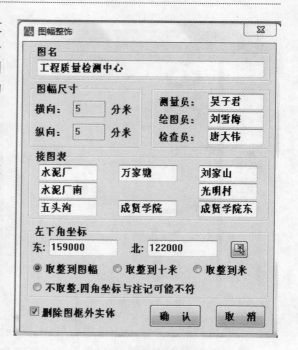

图 6-8　图幅信息对话框

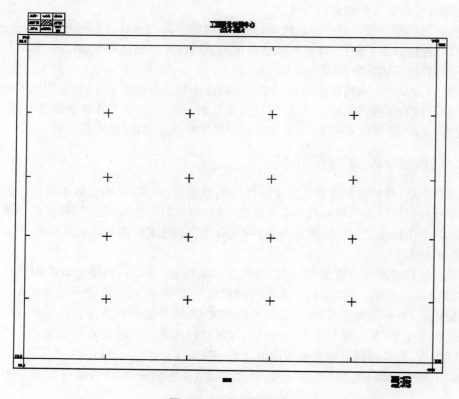

图 6-9　图幅信息生成

2）插入图像

点击"工具"下拉菜单，进入"光栅图像"子菜单，如图 6-10 所示。点击"插入图像"子菜单，进入"图像管理器"对话框。在"图像管理器"对话框中输入栅格图像文件的存放路径，点击"打开"按钮输入"图像"对话框，如图 6-11 所示，在"图像"对话框中，插入点选项选择"在屏幕上指定"，然后点击"确定"按钮。此时进入模型空间，将插入点捕捉到图廓的左下角处，依据图幅大小确定栅格图像的大小，这样就完成了图像的插入，如图 6-12 所示，同时应把图像设置为"后置"，或置于图幅之下，以便于图幅控制点的捕捉。但图像的大小、方向还没有精确确定，需要进行平移、旋转和缩放。

图 6-10　插入图像菜单

图 6-11　图像对话框

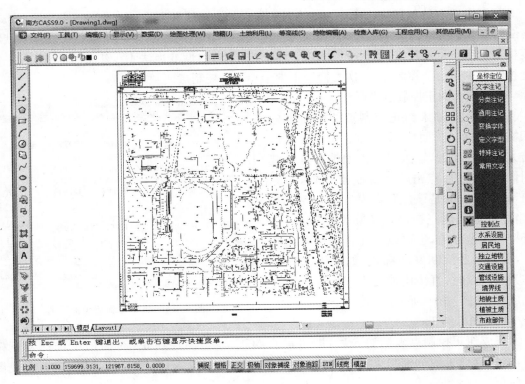

图 6-12　图像插入

3）图像纠正

用 Cass 的图像纠正功能可以消除光栅图上存在的旋转、位移和畸变等误差。其具体操作过程如下：

（1）左键点击图像纠正子菜单后，依命令区提示选择要纠正的图像，选取光栅图的边框，则弹出一个"图像纠正"对话框，如图6-13所示。

该对话框中有如下按钮与选择项：

图面：纠正前光栅图上定位点的坐标（当前模型空间）。

实际：图面上待纠正点改正后的坐标（实际测量坐标）。

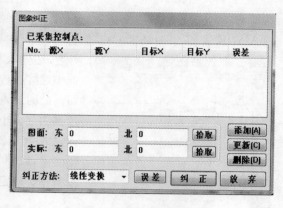

图 6-13　图像纠正对话框

拾取：用鼠标在光栅图上捕捉图框或网格定位点的坐标。

添加：将要纠正点的图面实际坐标添加到已采集控制点列表。

更新：用来修改已采集控制点列表中的控制点坐标。

删除：删除已采集控制点列表中的控制点。

误差：给出图像纠正的精度。

纠正：执行图像纠正。

放弃：放弃本次操作。

纠正方法有赫尔默特（henmert）、仿射变换（affine）、线性变换（linear）、二次变换（quadratic）和三次变换（cubic）法。不同纠正方法需用不同个数的控制点。具体要求是赫尔默特变换不少于三个控制点；仿射变换不少于四个控制点；线性变换法不少于五个控制点；二次变换法不少于七个控制点；三次变换法不少于十一个控制点。

（2）输入纠正控制点坐标

该环节要输入纠正控制点的图面坐标和实际坐标。图面坐标输入是采用光标点击方法来实现的，输入时将图面控制点区域图像放大，然后点击输入控制点位置，实际上，此时输入的是该位置在模型空间的位置（坐标）；输入纠正控制点实际坐标时，可以直接输入坐标值，也可以用光标捕捉方式输入，因为已经绘制好图廓线，如果用图廓点作为控制点时，直接用捕捉方式更好。输入完成后，如图6-14所示。

图 6-14　纠正控制点坐标输入

（3）图像纠正

完成纠正控制点坐标输入后，即可进行纠正。在"图像纠正"对话框中选择纠正模型，本例选择了四个控制点，所以选择赫尔默特变换，然后点击"纠正"按钮，就可完成图像纠正。

6.3　栅格图像数字化

完成栅格图像的纠正后,就可以进行相应图形要素的数字化。数字化的基本要求是:点状要素采集中误差不应大于图上 0.15 mm,线状要素采集中误差不应大于图上 0.2 mm。数字化方法既可以采用程序自动化,也可以采用人机交互方法,下面介绍采用 Cass 软件人机交互方式进行栅格地形图数字化的基本步骤。

1) 绘图环境设置

将 CASS 系统的图层、图块、线型等加入到当前绘图环境中。

2) 点状地形图要素数字化

按照绘图的一般习惯,可以先进行点状地形图要素矢量化和绘制。大比例尺地形图中的点状符号有测量控制点、高程点、独立地物等地形图要素。它们的数字化要点是先确定符号的点位中心,然后配置符号和说明,其具体过程如下:

(1) 测量控制点数字化

测量控制点矢量化时,先选择右侧屏幕菜单,点击"控制点"→"平面控制",进入"平面控制点"对话框,如图 6-15 所示,再选择"土堆上导线点"并点击"确定"按钮。此时在命令行提示"指定点",用光标响应,精确点击导线点符号的点位中心;命令行提示输入点名和点的高程,依次输入后,就完成了该测量控制点的数字化,如图 6-16 所示,图中细线为图形数字化结果。

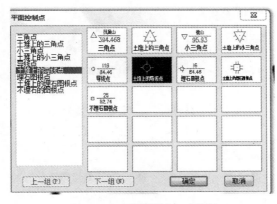

图 6-15　平面控制点对话框

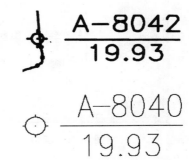

图 6-16　平面控制点数字化

(2) 高程点数字化

高程点的数字化与测量控制点的数字化类似,并且不需要输入点名。数字化时先选择右侧屏幕菜单,点击"地貌土质"→"高程点",进入"高程点"对话框,如图 6-17 所示,有四个选项,根据要数字化的高程点类型进行选择。如选择"一般高程点"选项,点击"确定"按钮。此时在命令行提示"指定点",用光标响应,精确点击高程点符号的点位中心;命令行提示输入点的高程,依次输入后,就完成了该高程点的数字,如图 6-18 所示,图中细线为数字化结果。

图 6-17　高程点对话框　　　　　　图 6-18　高程点数字化

（3）独立符号数字化

大比例尺地形图中独立符号较多，这一功能经常要用到。下面以路灯符号数字化为例，说明其作业过程。数字化时先选择右侧屏幕菜单，点击"独立地物"→"其他设施"，进入"其他设施"对话框，如图 6-19 所示，选择"路灯"选项，点击"确定"按钮。此时在命令行提示"指定点"，用光标响应，精确点击路灯符号的点位中心就完成了该路灯符号的数字化，如图 6-20 所示，图中细线为数字化结果。

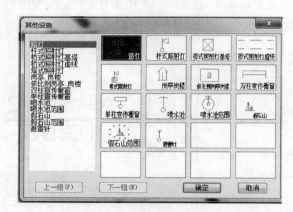

图 6-19　其他设施对话框　　　　　　图 6-20　路灯数字化

其他点状符号的矢量化过程用类似方法即可完成。

3）线状地形图要素的数字化

线状地形图要素也是地形图数字化的一个重要内容，道路、水系、管线及等高线等都是线状符号。线状符号数字化的要点是沿原图上线状符号的定位线描绘，不跑线，确定是否拟合，并能正确配置相应符号和属性。下面以未加固陡坎、等高线数字化为例说明其作业过程。

（1）陡坎数字化

先选择右侧屏幕菜单，点击"地貌土质"→"人工地貌"，进入"人工地貌"对话框，如图 6-21 所示。选择"未加固陡坎"选项，点击"确定"按钮，进入模型空间绘制界面。此时在命令行提示"输入坎高"，输入相关坎高数据，然后沿原图上线状符号的定位线精确描绘点击（中心线），在终点处按空格键或光标右键完成线路描绘，命令行提示是否拟合，要拟合键入

"Y",直接回车不拟合,这就完成了该陡坎符号的数字化,如图 6-22 所示,图中细线为数字化结果。

图 6-21　人工地貌对话框

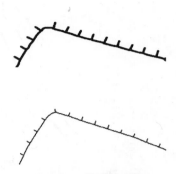

图 6-22　陡坎数字化

（2）等高线数字化

人交互进行机栅格地形图等高线数字化的实质是沿栅格图上等高线中心位置重新描绘等高线。其数字化时先选择右侧屏幕菜单,点击"地貌土质"→"等高线",进入"等高线"对话框,如图 6-23 所示。进入对话框后首先要确定等高线类型,若要数字化 24 米的等高线,选择等高线类型为"首曲线",若要矢量化 25 米(计曲线)等高线,如选择"计曲线",点击"确定"按钮。此时在命令行提示"输入等高线高程",输入响应的高程值后,回车响应后,命令行提示"第一点"就可以进行等高线数字化。到断点或终点时空格键或回车响应后,命令行提示"选择拟合方式：(1)无(2)曲线(3)样条 /(2)",输入选择后空格键或回车响应即可以完成该段等高线的数字化,如图 6-24 所示,图中为 24 米、25 米等高线的数字化结果。

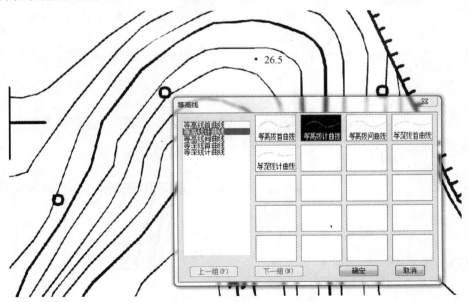

图 6-23　等高线类型选择

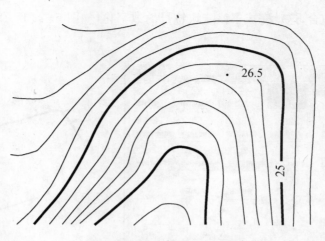

图 6-24　等高线数字化效果

4）面状符号数字化

面状符号数字化的要点是要确定面状符号的绘制区域，然后配置相应符号。下面以林地这类面积符号的数字化为例说明其作业过程。先选择右侧屏幕菜单，点击"植被土质"→"林地"，进入"林地"绘制对话框，如图 6-25 所示。进入对话框后确定要绘制的树林类型，如选择"成林"，点击"确定"按钮。此时在命令行提示"请选择(1)绘制区域边界(2)绘出单个符号(3)查找封闭区域 /(1)"，如回车响应后，命令行提示"第一点"开始绘制区域边界，以空格键或回车封闭区域。命令行提示"拟合否(N)?"，一般默认为不拟合，以空格键或回车响

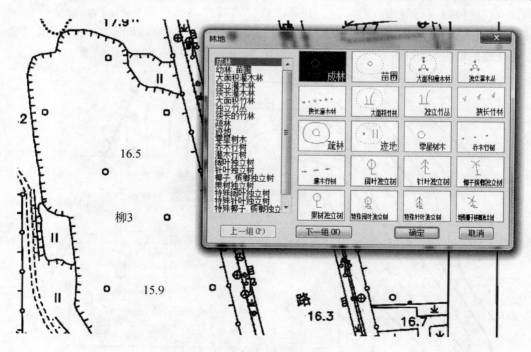

图 6-25　林地类型选择对话框

应后,命令行又提示"(1)保留边界(2)不保留边界/(1)",一般选择不保留,空格键或回车响
应后就可以完成该区域面积符号的数字化,如图6-26所示。

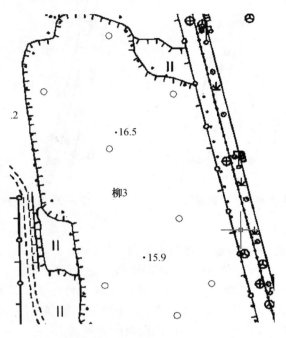

图6-26 成林地符号数字化

5）注记的数字化

地形图注记主要包括地理名称、说明和各种数字注记等。注记的数字化要点是确定注记的字体、大小、排列方式等。一般也都是由软件来完成,下面以道路名称注记为例,介绍其作业步骤。先选择右侧屏幕菜单,点击"文字注记"→"普通注记",进入"文字注记信息"编辑对话框。进入对话框后确定要输入的内容,如"高新路",并设置好图面文字大小、排列方式、注记类型,如图6-27所示。然后点击"确定"按钮,此时在命令行提示"请输入注记位置（中心点）：",在模型空间光标响应即可完成注记的数字化,如图6-28所示。但此时的注记排列间隔、方向应进行调整,间隔要求均匀分布,方向与道路方向基本一致即可,如图6-29所示。

其他各类注记,可按类似方法进行数字化。

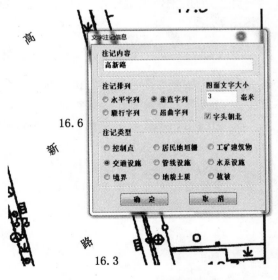

图6-27 文字注记信息对话框

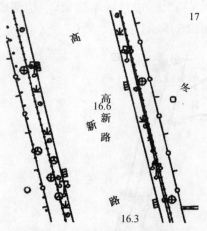

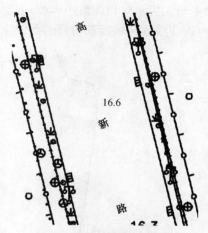

图6-28　道路名称注记调整前　　　　　　图6-29道路名称注记调整后

6）图像数字化结束工作

各类地形图要素数字化完成后,要完成下列工作:

（1）首先应对图面进行检查,有遗漏、错误的地方及时更正修改。

（2）然后用软件的相应功能进行相应检查。Cass软件提供了地物属性结构检查、图像实体检查、等高线检查、坐标文件检查等功能,对于地形图数字化,一般只做前两项检查。

（3）图廓信息的检查,注意使用标准、测图时间的更新。

（4）关闭栅格图层（或删除）,清理图面（用purge命令）。

（5）按命名规定保存文件。

综上所述,图像矢量化作业过程都包括扫描图像、图像定向（纠正）、数字化（编辑、整饰）和输出等主要步骤。

思考题与习题

1. 地形图原图数字化的方法有哪些?

2. 图像预处理有哪些内容?

3. 扫描图像屏幕数字化作业步骤有哪些?

4. 扫描图像数字化时为什么要进行纠正?

5. 注记数字化时要考虑哪些问题?

6. 常用栅格文件的格式有哪些?

7 数字地图测绘成果检查、验收

数字测图成果的质量检查与验收是保证成果质量的一个重要环节,本章节介绍其相关的基本概念、检查与验收内容与要求。

7.1 概述

7.1.1 基本概念

(1) 测绘成果分类

按照我国现行规范规定,测绘成果分为 10 大基本类,共 42 种分类,如表 7-1 所示。

表 7-1 测绘成果种类划分

序号	基本类型	成果种类	总数
1	大地测量	GPS 测量,三角测量,导线测量,水准测量,光电测距,天文测量,重力测量,大地测量计算	8
2	航空摄影	航空摄影,航空摄影扫描数据,卫星遥感影像	3
3	摄影测量与遥感	相片控制测量,相片调绘,空中三角测量,中小比例尺地形图,大比例尺地形图	5
4	工程测量	平面控制测量,高程控制测量(三角高程、GPS 拟合高程),大比例尺地形图,线路测量,管线测量,变形测量,施工测量,竣工测量,水下地形测量	9
5	地籍测绘	地籍控制测量,地籍碎部测量,地籍图,宗地图	4
6	房产测绘	房产平面控制测量,房产要素测量,房产图(分幅图、分丘图),房产面积测算,房产簿册	5
7	行政区域界线测绘	行政区域界线测绘	1
8	地理信息系统	地理信息系统	1
9	地图编制	普通地图编绘原图、印刷原图,专题地图编绘原图、印刷原图,地图集,印刷成品,导航电子地图	5
10	海洋测绘	海洋测绘	1

(2) 单位成果

为实施检查验收而划分的基本单位。

一般地形测量、地图编制、地籍测绘等成果的各种比例尺地形图或影像平面图以"幅"为单位,相片控制测量成果以"区域网""景"为单位。大地测量成果中的各级三角点、导线点、GPS点、重力点和水准测段以"点"或"测段"为单位。也可以在生产委托方、测绘单位认可的情况下,按照测绘区域、要素类集合、要素类来划分单位成果。

（3）批成果

同一技术设计要求下生产的同一测区的单位成果集合。

（4）样本

从批成果中抽取的用于评定批成果质量的单位成果集合。样本一般采用随机抽样方式获取,样本量的确定按照表7-2规定确定。

表7-2 样本量确定表

批量	样本量
≤20	3
21～40	5
41～60	7
61～80	9
81～100	10
101～120	11
121～140	12
141～160	13
161～180	14
181～200	15
≥201	分批次提交,批次数应最小,各批次的批量应均匀

（5）质量元素、质量子元素、检查项及错漏分类

数字测绘成果的质量要求是通过若干质量元素(子元素)来描述的。成果类型不同,其质量元素也不同。

质量元素是说明成果质量的定量、定性组成部分,即成果满足规定要求和使用目的的基本特征。

质量子元素是成果质量元素的组成部分,它描述质量元素的一个特定方面。

检查项是质量子元素的具体检查内容,是说明质量的最小单位,也是质量检查验收的最小实施对象。

错漏是指成果质量检验中检查项的结果与要求之间的差异。规范根据差异程度,将差异分为A、B、C、D四类,A类为极重要检查项错漏,或检查项的极严重错漏;B类为重要检查项错漏,或检查项的严重错漏;C类为较重要检查项错漏,或检查项的较重错漏;D为一般检查项的轻微错漏。

《数字测绘成果质量要求》(GB/T17941—2008)规定了数字测绘成果的质量元素包括空间参考系、位置精度、属性精度、完整性、逻辑一致性、时间准确度、元数据质量、表征质量、附件质量9大项,同时也确定了相应的子元素、检查项和错漏扣分标准。

（6）测绘成果质量检查与验收制度

测绘成果质量检查与验收采用"二级检查与一级验收"制度，即过程检查、最终检查和一级验收。过程检查是测绘单位作业部门组织进行（过程检查采用全数检查）；最终检查是测绘单位质量管理部门组织进行（最终检查一般采用全数检查，涉及野外检查项的一般采用抽样检查）；一级验收是指项目管理单位组织的成果验收阶段。

（7）数字测绘成果质量检查方法

数字测绘成果质量检查方法主要有参考数据比对分析法、实地检测法和内部核查分析法。

比对分析法是将被检查对象与高精度数据、专题数据、可收集到的国家各级部门公布、发布、出版的资料数据等各类参考数据对比，确定被检数据是否错漏或者获取被检数据与参考数据的差值。该方法主要适用于室内方式检查矢量数据，如检查各类错漏、计算各类中误差等，也可用于实测方式检查影像数据、栅格数据，如计算各类中误差等。

实地检测法是将被检查对象与野外测量、调绘的成果对比，确定被检数据是否错漏或者获取被检数据与野外实测数据的差值。该方法主要适用于实测方式检查矢量数据，如检查各类错漏、计算各类中误差等，也可用于实测方式检查影像数据、栅格数据，如计算各类中误差等。

核查分析法是检查被检数据的内在特性。该方法可用于室内方式检查矢量数据、影像数据、栅格数据。如逻辑一致性中的绝大多数检查项，接边检查，栅格数据的数据范围，影像数据的色调均匀，内业加密保密点检查中误差等。

数字测绘成果质量检查通常采用的方式有计算机自动检查（通过软件自动分析和判断结果）；计算机辅助检查（人机交互检查）；人工检查。

7.1.2 成果质量评定方法

（1）单位成果质量评定

单位成果的质量评定通过单位成果质量的分值来判定等级，质量等级划分为四级：优级品、良级品、合格品、不合格品。

单位成果的分值按公式（7-1）计算

$$S = \min(S_i) \quad (i=1, 2, \cdots, n) \tag{7-1}$$

式中，S 为单位成果质量得分值；S_i 为第 i 个质量元素的得分值，按照规范规定的检查项评分表确定；min 为最小值；n 为质量元素的总数。附件质量可不参与计算；当质量元素检查结果不满足规定的合格条件时，不计算分值，该质量元素为不合格。

获得质量分值后，根据分值区间评定单位成果质量等级，见表 7-3。

表 7-3 单位成果质量等级评定

质量得分	质量等级
90 分≤S	优
75 分≤S<90 分	良
60 分≤S<75 分	合格
S<60 分	不合格

（2）批成果质量评定

批成果质量评定是通过合格判定条件来确定批成果质量等级，它划分为批合格、批不合格两级，如表7-4所示。

表7-4　批成果质量评定

质量等级	判定条件	后续处理
批合格	样本中未发现不合格的单位成果或者发现的不合格成果的数量在规定的范围内，且概查时未发现不合格的单位成果	测绘单位对验收中发现的各类质量问题均应修改
批不合格	样本中发现不合格单位成果，或概查中发现不合格单位成果，或不能提交批成果的技术性文档（如设计书、技术总结、检查报告等）和资料性文档（如接合表、图幅清单等）	测绘单位对批成果逐一查改合格后，重新提交验收

7.2　大比例尺数字地形图质量检查与验收

7.2.1　检验工作流程

大比例尺地形图质量检查验收的一般流程如图7-1所示，其具体内容如下：

检验准备：制订检验工作计划，收集技术资料与标准，明确检验内容与方法，准备检验用的仪器设备和物质等。

抽　　样：确定样本方案、抽取样本，提取资料。

质量检验：对成果质量进行概查和详查。

质量评定：对单位成果、样本进行质量评定，对批成果进行质量判定及检验。

报告编制：按照相关规定（CH/Z 1001—2007）编制检验报告。

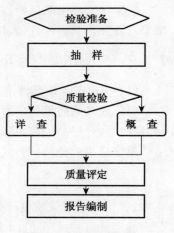

图7-1　检验流程图

7.2.2　检验内容及方法

大比例尺数字地形图质量检验包括概查和详查两大部分。

1）概查

其主要内容包括：成图范围、区域的符合性，基本等高距的符合性，图幅分幅与编号、测图控制覆盖面、密度的符合性，测图控制设施方法的符合性，生产中使用仪器的精度指标、鉴定资料的符合性等。同时根据其影响程度，将质量错漏分为A、B两类，如表7-5所示。

概查一般采用核查分析方法进行。

2）详查

其主要内容包括：样本单位成果的数学精度、数据及结构的正确性、地理精度、整饰质量、附件质量以及批成果的附件质量等，具体内容如表7-6所示。

表 7-5　概查质量错漏分类

检查内容	A 类	B 类
仪器设备	使用仪器的标称精度不能满足施测精度要求 使用仪器未经检定、检定不合格或超过有效期范围	
测图控制	测图控制存在较大漏洞,造成测图困难,影响成图精度 擅自更改图根控制的手段,造成测图困难 图根控制点(含埋石点)密度严重不符合技术设计或规范要求	测图控制存在一般漏洞,对测图影响成图较小 图根控制点密度严重不符合技术设计或规范要求,但对测图没有产生较大的影响
测图范围	存在漏测 自由图边不符合技术设计要求	
等 高 距	基本等高距不符合技术设计或规范要求	
分幅与编号	编号取位错误,造成图幅无法识别	编号取位错误,但图幅还可以识别 图幅编号漏号,造成编号不连续
其　　他	其他严重错漏	其他较重错漏

表 7-6　大比例尺地形图的质量元素、权重、检查项及检验方法

质量元素	权	质量子元素	权	检查项	检验方法
数学精度	0.2	数学基础	0.2	坐标系统、高程系统的正确性;各类投影计算;图根控制测量精度;图廓尺寸、对角线长度、格网尺寸;控制点间图上距离与坐标反算长度较差等	比对分析法 实地检测法 核查分析法
		平面精度	0.4	平面绝对位置中误差、相对位置中误差;接边精度	实地检测法 比对分析法
		高程精度	0.4	高程注记点高程中误差;等高线高程中误差;接边精度	实地检测法 比对分析法
数据及结构正确性	0.2			文件命名;数据组织;数据格式;要素分层;属性代码;属性接边质量等	核查分析法 软件分析处理
地理精度	0.3			地理要素的完整性;地理要素的协调性;注记和符号的正确性;综合取舍的合理性;地理要素接边质量	实地检测法 核查分析法
整饰质量	0.2			符号、线画、色彩质量;注记质量;图面要素协调性;图面、图廓外整饰质量	核查分析法
附件质量	0.1			元数据文件;检查报告、技术总结内容;成果资料的齐全性;各类报告、附图(接合图、网图)、附表、簿册整饰的规整性;资料装帧	核查分析法

（1）数学精度的检验方法

数学精度质量项包括数学基础、平面精度、高程精度三个质量子元素。

坐标系统、高程系统的正确性及各类投影计算;图廓尺寸、对角线长度、格网尺寸;控制

点间图上距离与坐标反算长度较差等一般都采用核查分析法、比对分析法进行检验。

图根控制测量精度、平面精度、高程精度采用实地检测法检验,接边精度采用核查分析法、比对分析法进行检验。

平面精度、高程精度检测时,若采用高精度检测,则按照下式计算检测点(边)的中误差:

$$M = \sqrt{\frac{\sum_{i=1}^{n} \Delta_i^2}{n}} \tag{7-2}$$

式中,M 为中误差;n 为检测点(边)总数,n 应大于 20;Δ_i 为较差。

若采用同精度检测时,中误差计算按公式(7-3)执行:

$$M = \sqrt{\frac{\sum_{i=1}^{n} \Delta_i^2}{2n}} \tag{7-3}$$

式中,M 为成果中误差;n 为检测点(边)总数,n 应大于 20;Δ_i 为较差。

（2）数据及结构正确性

数据及结构正确性检验包括文件名、数据组织的正确性、数据格式正确性、元素分层正确性与完备性、属性代码的正确性、属性接边质量等。这些内容一般都采用核查分析法、软件自动检测分析法进行检验。

图 7-2 所示为部分图形元素,导线点 A001 图层正确,但属性不完整;简单房屋、多边未封闭房屋及道路的图层不正确,属性项不完整。例如用 CASS 软件进行数据及结构正确性检查步骤为:

图 7-2　部分图形元素

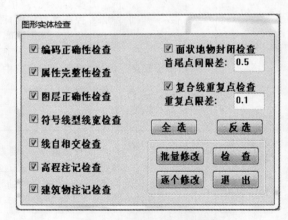

图 7-3　图形实体检查设置

① 点击"图形实体检查"菜单进入设置对话框,如图 7-3 所示。

② 在对话框勾选相关的检查项,如图 7-3 所示,设置为全选。

③ 然后点击"检查"按钮,软件即可自动检查相关的错误,并以列表的形式显示,如图 7-4 所示。

④ 错误的修改,在图 7-3 图形实体检查对话框上点击"批量修改"按钮即可完成相关的修改,不能修改的给出报告,如图 7-5 所示。

序号	句柄	说明
1	930	属性不完整
2	92F	属性不完整
3	92E	属性不完整
4	92C	属性不完整
5	922	图层不正确
6	922	属性不完整
7	91A	图层不正确
8	91A	面不封闭
9	91A	属性不完整
10	91A	复合线有多余点
11	4AA	图层不正确
12	4AA	属性不完整
13	4A9	属性不完整
14	4A8	图层不正确
15	4A8	属性不完整

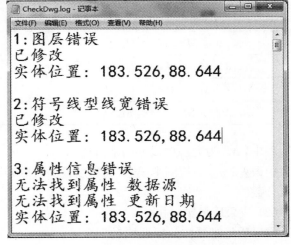

图 7-4 图形实体检查错误信息   图 7-5 错误修改报告

⑤ 也可以双击图 7-4 图形实体检查错误信息项,在图形窗口中相应的图形会跳闪,然后手工修改。

(3)地理精度

地理精度检验包括地理要素的完整性与规范性、地理要素协调性、注记和符号的正确性、综合取舍的合理性及地理要素接边质量等。这些内容一般都采用实地检查、核查分析法进行检验。

(4)整饰质量

整饰质量包括符号、线划、色彩质量、注记质量、图面要素协调性、图面及图廓外整饰质量等。这些内容一般都采用核查分析法进行检验。

(5)附件质量

元数据文件的正确性与完整性;检查报告、技术总结内容的全面性与正确性;成果质量的齐全性;各类报告、附图附表簿册整饰的规整性;资料的装帧质量等。这些内容一般都采用核查分析法进行检验。

7.2.3 检验质量评定

7.2.3.1 单位成果质量评定

1) 单位成果质量评分

单位成果质量的表征为百分制。

评分方法包括数学精度评分、成果质量错漏扣分、质量子元素评分、质量元素评分、单位成果质量评分方法等内容。

(1)数学精度评分

数学精度评分采用分段直线内插方法计算质量分数,具体内插方法如表 7-7 所示。多项数学精度评分时,单项数学精度得分均大于 60 分时,取其算术平均值或加权平均值。

表 7-7　数学精度评分方法

数学精度值	质量分数
$0 \leqslant M \leqslant 1/3 \times M_0$	$S=100$ 分
$1/3 \times M_0 < M \leqslant 1/2 \times M_0$	90 分 $\leqslant S < 100$ 分
$1/2 \times M_0 < M \leqslant 3/4 \times M_0$	75 分 $\leqslant S < 90$ 分
$3/4 \times M_0 < M \leqslant M_0$	60 分 $\leqslant S < 75$ 分

表中，M_0 为允许中误差的绝对值，$M_0 = \sqrt{m_1^2 + m_2^2}$；$m_1$ 为规范或相应技术文件要求的成果中误差；m_2 为检测中误差(高精度检测时取 $m_2 = 0$)；M 为成果中误差的绝对值；S 为质量分数。

（2）成果质量错漏扣分

成果质量错漏扣分标准如表 7-8 所示。

表 7-8　成果质量错漏扣分标准

差错类型	扣分值
A 类	42 分
B 类	12/t 分
C 类	4/t 分
D 类	1/t 分

注：一般情况取 $t=1$，可以困难类别进行调整。

（3）质量子元素评分

质量子元素评分包括数学精度评分和其他质量子元素评分两部分，数学精度评分按照表 7-7 进行，其他质量子元素评分按下式计算：

$$S_i = 100 - \{a_1 \times (12/t) + a_2 \times (4/t) + a_3 \times (1/t)\} \tag{7-4}$$

式中，S_i 为质量子元素得分；a_1、a_2、a_3 为质量子元素中相应的 B 类错漏、C 类错漏、D 类错漏个数；t 为扣分值调整系数。

（4）质量元素评分

质量元素评分采用加权平均法计算单位成果质量得分，按照(7-5)计算：

$$S_l = \sum_{i=1}^{n} (S_{li} \times p_i) \tag{7-5}$$

式中，S_l 为质量元素得分；S_{li} 为质量子元素得分；p_i 为相应质量子元素的权；n 为单位成果中包含的质量子元素个数。

（5）单位成果质量评分方法

采用加权平均法计算单位成果质量元素得分，按照(7-6)计算：

$$S = \sum_{i=1}^{n} (S_{li} \times p_i) \tag{7-6}$$

式中，S 为单位成果质量得分；S_{li} 为质量元素得分；p_i 为相应质量元素的权；n 为质量元素中包含的质量元素个数。

2）单位成果质量评定

在求出单位成果质量得分后，即可按照表 7-3 评定单位成果质量等级。单位成果出现以下情况之一时，评定为不合格：

① 单位成果中出现 A 类错误；

② 单位成果高程精度检测、平面位置精度检测及相对位置精度检测时，任一粗差比例超过 5%；

③ 质量子元素质量得分小于 60 分。

7.2.3.2　样本质量评定

当样本中出现不合格单位成果时，评定样本质量为不合格。

全部单位成果合格后，按表 7-9 评定样本质量等级。

表 7-9　样本质量等级评定标准

质量得分	质量等级
90 分 $\leqslant S <$ 100 分	优
75 分 $\leqslant S <$ 90 分	良
60 分 $\leqslant S <$ 75 分	合格

7.2.3.3　批质量评定

1）最终检查批成果质量评定

批成果合格后，按表 7-10 评定批成果质量等级。

表 7-10　批成果质量等级评定标准

条件标准	质量等级
优良品率达到 90% 以上，其中优级品率达到 50% 以上	优
优良品率达到 80% 以上，其中优级品率达到 30% 以上	良
未达到上述标准	合格

2）批成果质量核定

验收单位根据评定的样本质量等级，核定批成果的质量等级。

3）批成果质量判定

生产过程中，使用未经计量检定或检定不合格的测量仪器，均判定为批不合格。

当详查和概查均为合格时，判为批合格；否则，判为不合格。

当详查和概查中发现伪造成果现象或技术路线存在重大偏差，均判为批不合格。

7.2.4　数字地形图测绘项目质量检验案例

1）工程概况

某省测绘产品质量监督检验站受××市科技园委托，对该园新区 1:1 000 数字地形图项目进行检查验收。该工程由××工程勘查测绘院(甲级)承接,面积 45 平方千米,采用外业数据采集数字化成图。平面坐标系为该市独立坐标系,高程系统采用 1985 国家高程基准。成果形式为电子数据文件和纸质打印成果,成果批量为 1∶1 000 数字地形图 189 幅。

2) 检验依据

(1)《测绘成果质量检查与验收》(GB/T 24356—2009)等国家技术规范和行业技术规范;

(2)《××市 1∶500 1∶1 000 1∶2 000 数字地形测量技术规程》;

(3)《××市科技园新区 1∶1 000 数字地形图测绘项目技术设计书》。

3) 抽样情况

按照《测绘成果质量检查与验收》(GB/T 24356—2009)的要求,对生产单位送检的成果采取内业资料审核,外业抽样检测的方式进行检验。本次送检的成果批量为 1∶1 000 数字地图 189 幅,抽样 15 幅。

4) 检验内容

(1) 数学精度

检验内容:数学基础、平面精度(绝对精度、相对精度)和高程精度。

检验方法:数学基础采用内业核查方法进行;平面精度(绝对精度、相对精度)和高程精度采用外业实测检查方法。

(2) 数据及结构正确性

检验内容:文件命名;数据组织;数据格式;要素分层;属性代码。

检验方法:采用相关软件进行检查。

(3) 地理精度

检验内容:地理要素、符合注记和综合取舍。

检验方法:通过内业图面详查和外业巡视检查,抽样错漏扣分法评定样本图幅地理精度。

(4) 整饰质量

检验内容:线划、色彩质量和图廓整饰质量。

检验方法:根据相关图式规范,对比图面要素的表达质量,采用缺陷扣分法综合评定样本图幅的整饰精度。

(5) 附件质量

检验内容:技术设计书、技术总结、检查报告和成果资料的完整性。

检验方法:检验人员审核检查以上资料的完整性和装帧质量。

(6) 测绘仪器检定情况

检验内容:本项目使用的仪器设备是否经过法定计量检定机构检定合格,并在有效期内。

检验方法:检验人员审核检查以上资料的完整性和有效性。

5) 样本图幅检查项评分

按照规范要求,对抽样图幅进行检查,并按照要求,对质量元素进行分项评定分值,如表 7-11 所示。

表 7-11　样本图幅检查项评分表

质量元素	样本图幅序号	1	2	3	4	5	6	7	8	9	10	11	12	13	14	15
数学精度	数学基础	98	100	99	98	100	97	99	98	96	94	95	99	96	97	100
	平面精度	83	74	81	83	86	83	84	93	91	92	91	89	87	87	87
	高程精度	75	95	64	79	95	79	90	95	95	95	65	95	86	95	75
	数学精度评分	82.8	87.6	77.8	84.4	92.4	84.2	89.4	94.8	93.6	93.6	81.4	93.4	88.4	92.2	84.8
数据及结构正确性		78	88	88	87	91	90	85	90	92	76	77	76	80	82	83
地理精度		85	74	78	72	100	82	71	78	84	87	73	84	89	83	82
整饰质量		100	99	96	97	98	94	95	96	99	99	95	93	95	100	99
附件质量		100	98	96	92	90	99	98	95	94	95	97	99	94	95	95
总　分		77.7	77.0	75.8	74.8	85.5	78.7	75.5	79.5	81.6	79.4	72.8	78.3	79.3	79.2	77.6
等　级		良	良	良	合格	良	良	良	良	良	良	合格	良	良	良	良

表中权重为：

数学精度评分＝数学基础分×0.2＋平面精度分×0.4＋高程精度分×0.4
总分＝数学精度分×0.2＋数据及结构正确性分×0.2＋地理精度分×
　　0.3＋整饰质量分×0.2＋附件质量分×0.1

等级评定：根据分值区间，确定单位成果等级，见表 7-9。

6）最终检查批成果质量评定
由于样本中优级品率未达到 30％以上，所以该批成果质量等级评定为批合格。

7.3　成果质量检验、检查报告编制

1）主要规定
(1) 委托检验报告的内容、格式按照 GB/T 18316—2008 的相关规定。
(2) 测绘单位按照 GB/T 18316—2008、GB/T 24356—2009 的规定编制检查报告。
(3) 报告中的计量单位均应采用法定计量单位。
(4) 检验报告的内容编排次序为：封面、封二、正文、附件。
(5) 报告页面大小为 A4，行距为单倍行距。
(6) 中文字体以宋体为主，西文为 Times New Roman。
2）主要内容
(1) 检验工作概况
该部分主要包括检验时间、检验地点、检验方式、检验参加人员、检验软硬件设备等。

（2）受检成果概况

主要描述成果生产的基本情况，包括任务来源、测区位置、生产单位、单位资质等级、生产日期、生产方法与方式、成果形式、批量等基本情况。

（3）检验依据

与检验项目有关的法律法规文件、引用的国家标准、行业标准、项目设计书、测绘任务书、合同书和委托检验文件。如《数字测绘成果质量检查与验收》(GB/T 18316—2008)、《测绘成果质量检查与验收》(GB/T 24356—2009)、《1∶500 1∶1 000 1∶2 000 地形图质量检验技术规程》(CH/T 1020—2010)等技术规范与规程。

（4）抽样情况

主要描述采用依据、方法与样本数量等。

（5）检验内容与方法

描述成果检验的参数项（一级质量元素）及检验方法等。

（6）主要质量问题及处理

描述样本成果中的质量问题及问题的处理结果。

（7）质量综述及一般质量统计

该部分应按照检验参数分类对成果质量进行综合叙述；对缺陷类型及数量、样本得分、样本质量进行描述。另外，还包括其他意见或建议项等。

（8）附件（附图、附表）

思考题与习题

1. 测绘成果种类如何划分？
2. 何谓单位成果？何谓批成果？
3. 数字测绘成果质量检查方法有哪些？
4. 何谓"二级检查"与"一级验收"？
5. 如何评定地形图数学精度？
6. 如何确定单位成果的质量？
7. 如何确定样本成果的质量等级？
8. 大比例尺数字地形图质量元素有哪些？
9. 怎样评定最终检查批成果质量？
10. 测绘成果质量检查、验收报告的内容有哪些？

附录 A "野外地形数据采集及成图" 专业技术设计书样例

该专业技术设计书主要内容包括以下部分：

一、首页（正式封面）

首页上应撰写项目名称、实施单位、编写日期、密级及编号等内容，其表示形式如下：

```
密级：                        编号：



          ××科技园测区
       1∶1 000 比例尺数字化测图


          技术设计书


          ××工程勘测院
        二○一四年六月二十八日
```

二、副封面

副封面上应撰写项目名称、设计负责人、主要设计人，项目实施单位审核人、审核意见及单位（公司）印鉴和日期等信息。同时也应有批准单位（盖章）、审批意见、审批人及日期等信息，其表示形式如下：

```
               ××科技园测区
            1∶1 000 比例尺数字化测图
               技术设计书
项目承担单位（盖章）：      设计负责人：
审核意见：               主要设计人：
审 核 人：
    年    月    日        年    月    日



批准单位（盖章）：
审核意见：
审 核 人：
               年    月    日
```

三、目录编写内容

目录

1. 任务概述

2. 测区自然地理概况和已有资料情况

3. 引用文件

4. 成果(或产品)规格和主要技术指标

5. 设计方案

四、设计书正文样例

××科技园测区

1∶1 000 比例尺数字化测图技术设计书

1. 任务概述

为了满足科技园区规划设计需要,须对园区二期开发区内进行数字化地形测图。受××科技园区管委会委托,××工程勘察院承接了该园区地形测绘任务。测区位于××市××区××镇,成图比例尺为 1∶1 000,地形测图面积约 40 km²。依据测区控制测量情况,主要工作内容包括:布设一级(E 级)GPS 点 20 个、二级(F 级)GPS 点 150 个、四等水准路线长约 80 km 及 1∶1 000 比例尺数字化地形测量,等高距为 1 米,图幅约为 160 幅。数字测图采用全站仪外业数据采集室内数字化成图方法。

2. 测区自然地理概况和已有资料情况

2.1 测区自然地理概况

测区地理位置为东经 118°46′至东经 118°50′,北纬 31°50′至北纬 31°55′。测区地处我国长江下游地区,属于亚热带、湿润的季风气候区。四季分明,春秋较长,夏季炎热,冬季寒冷,雨量充沛,多集中于春夏两季,季风现象显著,风雾较多。

测区属丘陵地貌,主要地形为坎高约 1 米的梯田,测区中央有狭长形山体,呈东西走向,长约 3.5 km,宽 1.1 km;测区内海拔高度平地低点约为 15 米,最高海拔约 180 米。植被茂盛,通视条件不佳。

测区内居民地较为密集,主要为农村居民点,主要为农村院落,房屋结构主要为砖混类型,层次多数为 2~3 层;村落中未经详细规划,房屋较散乱,房前与屋后大多栽种树木,通视不便。

交通较为便利,测区内有国道经过,乡镇间、村落间均有硬路面道路。

属经济较为发达的地区,主要农作物为水稻。

2.2 测区已有资料的分析与利用

(1)平面控制资料

测区东北部有××省 GPS C 级控制点 2 个,系 1980 西安坐标系,2008 年施测。测区内有××市 D 级点 7 个,地方坐标系,2010 年施测。上述控制点距测区距离均为 5 km 以内,经现场调查确认,控制点保存完好,资料齐全,可作为本测区的平面起算点。

(2)高程控制资料

测区附近有国家二等水准点 2 个,三等水准点 1 个,系 1985 国家高程基准,控制点保存完好,2012年复测成果,资料齐全,可作为本测区的高程起算点。

（3）地形图资料

本测区有1∶1万地形图,可供选点、踏勘、设计使用。

3. 引用文件

（1）《全球定位系统(GPS)测量规范》(GB/T18314—2009)；

（2）《国家三、四等水准测量规范》(GB/T12898—2009)；

（3）《1∶500 1∶1 000 1∶2 000 地形图图式》(GB/T 20257.1—2007)；

（4）《基础地理信息要素分类与代码》(GB/T 13923—2006)；

（5）《1∶500 1∶1 000 1∶2 000 外业数字测图技术规程》(GB/T 19412—2005)；

（6）《数字测绘成果质量要求》(GB/T17941—2008)；

（7）《测绘成果质量检查与验收》(GB/T 24356—2009)；

（8）《城市测量规范》(CJJ/T 8—2011)；

（9）《卫星定位城市测量技术规范》(CJJ/T 73—2010)；

（10）《全球定位系统实时动态测量(RTK)技术规范》(CH/T 2009—2010)；

（11）《测绘技术设计规定》(CH/T 1004—2005)；

（12）《测绘技术总结编写规定》(CH/T1001—2005)；

（13）本项目设计书；

（14）本专业设计书。

4 测量成果规格与主要技术指标

4.1 控制测量

（1）平面坐标系统与高程基准

① 平面坐标系统

为了充分利用原有资料,保持城市规划设计的统一性与规范性,本测区采用××地方坐标系统,投影采用3°分带高斯-克吕格投影。

② 高程基准

本测区采用1985国家高程基准。

（2）主要技术指标

测区首级控制采用GPS测量方法完成,主要技术要求如表 A-1 所示。GPS控制网分级布设,首级网为一级,在首级网的基础上发展二级网,GPS控制点相对于起算点的最弱点位中误差不大于±5 cm;图根控制网以二级网为基础进行发展。

表 A-1 GPS 测量技术要求

等级	平均边长 （km）	a(mm)	b(1×10⁻⁶)	环线或附合 路线边数（条）	相对精度
一级	1	≤10	≤5	≤10	1/20 000
二级	<1	≤10	≤5	≤10	1/10 000

测区高程控制网按照四等水准精度施测。每公里水准测量偶然中误差 $M_\Delta \leqslant 5$ mm,全中误差 $M_W \leqslant 10$ mm,符合路线或环线闭合差应不大于 $\pm 20\sqrt{L}$ mm。

4.2 数字地形测图

（1）成图比例尺、等高距及成图方法

测区成图比例尺为 1∶1 000，等高距 1 米。

成图方法：全野外采集数据，室内计算机成图的方法。

（2）地形图平面精度

图上地物点相对于邻近平面控制点的平面位置中误差不大于图上±0.5 mm，邻近地物点的间距中误差不大于±0.4 mm，复杂和施测困难地区可在上述规定上放宽 0.5 倍。

（3）地形图高程精度

测区图上高程点注记至厘米位，基本等高距为 0.5 m，居民区和厂矿区高程注记点相对于邻近高程控制点的高程中误差不得大于±0.15 m，等高线插求点的高程中误差应≤0.25 m，困难地区可放宽 0.5 倍。

（4）成图规格

采用 50 cm×50 cm 的正方形分幅，图幅编号一律按图廓西南角坐标公里数进行编号，取至小数点后两位，X 在前，Y 在后，中间加短线连接。

五、设计方案

5.1 控制测量

（1）控制点选点、埋石

各等级控制点的具体规格按《城市测量规范》（CJJ/T 8—2011）规定执行。控制点埋石（含图根点）密度应保证每幅图内有 3 个。控制点编号按"等级代码—顺序编号"规定执行，例如一级控制点编号形式为：Ⅰ-001，二级控制点编号形式为：Ⅱ-003。

（2）GPS 观测要求

平面一、二级控制点主要采用 GPS 静态测量模式施测，隐蔽及通视困难地区可采用光电测距导线施测，各等级观测主要技术要求如表 A-2 所示。

表 A-2　GPS 观测基本要求

等级	卫星高度角(°)	有效观测同类卫星数	平均重复设站数	时段长度(min)	采样间隔(s)	PDOP 值
一级	≥15	≥4	≥1.6	≥45	≥10～30	<6
二级	≥15	≥4	≥1.6	≥45	≥10～30	<6

观测时段长度应视基线长度、观测条件等情况适当延长，GPS 解算采用随机软件，对重复边、同步环、异步环进行检核，重复边限差为 2 倍接收机标称精度，同步环 $W \leqslant \frac{3}{5}\sigma$（$\sigma$ 为弦长精度），异步环 $W_{max} = 2\sqrt{\sum(10+2S_i)_2}$（$S_i$ 以公里为单位），对超限的边和闭合环应补测或重测。

GPS 后处理应先进行无约束平差，确认观测无粗差存在，方可进行约束平差。

（3）导线测量技术要求

导线测量水平角观测采用 DJ2 级测角仪器进行观测，边长采用 I 级测距仪进行边长测量,光电测距一测回是指照准目标一次,读数 4 次,较差不超限时取平均值。导线测量技术要求如表 A-3～A-5 所示。

表 A-3　导线测量基本要求

等级	闭合环线或附合路线长度(km)	平均边长(m)	测距中误差(mm)	测角中误差(″)	导线全长相对闭合差
一级	≤3.6	300	≤15	≤5	1/14 000
二级	≤2.4	200	≤15	≤8	1/10 000

表 A-4　导线测量水平角观测技术要求(DJ2)

等级	测回数	半测回归零差(″)	测回内 2C 较差(″)	同一方向值各测回较差(″)	测角中误差	方位角闭合差(″)
一级	2	≤8	≤13	≤9	≤5	$\pm 10\sqrt{n}$
二级	1	≤8	≤13	≤9	≤8	$\pm 16\sqrt{n}$

表 A-5　导线测量边长观测技术要求

等级	仪器等级	测回数	一测回读数较差(mm)	测回间较差(mm)	往返或不同时段较差(mm)
一级	I	1	≤5	≤7	$2(a+b\times D)$
二级	I	1	≤5	≤7	$2(a+b\times D)$

(4) 四等水准测量

为了便于后续施工放样工作,测区内一二级控制点高程均以四等水准测量精度进行施测。

水准测量采用××型自动安平光学水准仪和××数字水准仪进行施测。水准仪,每天开测前进行 i 角检校,水准仪 i 角应小于 20″。

四等水准采用中丝读数法进行单程观测,上、下丝及中丝观测标尺读数至 1 毫米,测站观测顺序为后—后—前—前。

测站观测技术要求与限差如表 A-6 所示。

表 A-6　水准测量测站观测技术要求与限差

等级	仪器类别	视线长度	前后视距差(m)	任意站上前后视距累计差(m)	视线高度	基辅分划(红黑面)读数差(mm)	基辅分划(红黑面)所测高差之差(mm)	数字水准仪重复读数次数
四等	DS₃	≤100	≤3	≤10.0	三丝能读数	≤3	≤5	≥2
	DS₁ DS₀₅	≤150						

其他具体观测要求执行《国家三、四等水准测量规范》(GB/T12898—2009)的相应规定。

（5）图根控制

图根点相当于起算点的点位中误差≤10 cm,高程中误差≤测图基本等高距的 1/10,图根点密度大于 16 点/平方公里。

图根导线可采用图根导线（网）、极坐标法（引点法）、交会法和 RTK 法进行施测。在各等级控制点基础上进行加密图根控制测量,一般不宜超过二次附合。

图根导线测量技术要求如表 A-7 所示。

表 A-7　图根导线测量技术要求

附合导线长度 （m）	平均边长	测距中误差 （mm）	测回数 （DJ6）	测角中误差 （″）	方位角闭合差 （″）	导线全长相对 闭合差
1.3 M	不大于碎部点 最大测距1.5倍	≤15	1	≤±30	≤±60	1/2 500

注:M 为测图比例尺分母

视野开阔 GPS 信号接收良好地区可采用 RTK 方法测量图根控制点,其主要技术要求如表 A-8 所示。

表 A-8　RTK 图根控制测量技术要求

平面坐标转换残差	高程拟合残差	平面点位较差	点位高程较差	观测次数
≤图上 0.07 mm	≤1/12 基本等高距	≤图上 0.1 mm	≤1/12 基本等高距	≥2

极坐标法（引点法）加密图根点时,应在等级控制点或一次附合图根点上进行,且应联测两个已知方向。交会法图根解析补点时,交会角应在 30°～150°之间,交会边长不宜超过 500 m。分组计算的坐标差不应大于 0.2 m。

图根高程控制点测量可采用图根水准测量、电磁波测距、三角高程测量和 RTK 方法实测。图根水准测量技术要求如表 A-9 所示。

表 A-9　图根水准测量技术要求

附合路线长度 （km）	视线长度 （m）	观测次数		往返测较差、附合或环线闭合差 （mm）	
		联测	闭、附合路线	平地	山地
≤5	≤100	往返各 1 次	往 1 次	$\pm40\sqrt{L}$	$\pm12\sqrt{n}$

L 为水准路线长度,以公里为单位;n 为测站数

电磁波测距三角高程测量附合路线长度不应大于 5 km,支线不大于 2.5 km,仪器高、觇标高量取至 1 毫米。电磁波测距三角高程导线测量限差如表 A-10 所示。

表 A-10　三角高程导线测量限差

角度测回数 （中丝法）	垂直角测回较差 （″）	指标差较差 （″）	附合、环线闭合差 （mm）	边长测回数
2	≤25	≤25	$\pm40\sqrt{D}$	单向一测回

D 为测距边边长长度,以公里为单位;

5.2　数字地形图测绘

（1）外业数据采集

① 作业组织

外业数据采集一般以所测区域为单位统一组织，按测区内自然带状地物（街道、河流等）为界线分成若干相对独立的分区。各分区的数据组织、数据处理和作业应相对独立，数据采集和处理时不存在矛盾，避免造成数据重叠或漏测。

② 仪器设置及测站定向检查要求

a）全站仪对中偏差不大于 5 mm。

b）以较远测站点（或控制点）定向，另一测站点作为检核，检核点平面位置误差不应大于图上 $0.2×M×10^{-3}$（m）。

c）应检查另一测站高程，且其较差不应大于 1/6 倍基本等高距。

d）测站数据采集结束时，应重新检测标定方向，若误差超限，其检测前观测数据应重新计算，并应检测不少于 2 个碎部点。

e）RTK 碎部点测量平面坐标转换残差不大于图上 ±0.1 mm，碎部点高程拟合残差不大于 1/10 等高距。

f）RTK 碎部点测量时，观测历元数应大于 5 个，连续采集一组地形碎部点数据超过 50 点时，应重新进行初始化，并检核一个重合点。当坐标较差不大于图上 0.5 mm 时，可继续测量。

③ 碎部点观测记录要求

全站仪数据采集应生成碎部点观测数据文件与碎部点坐标文件，碎部点观测文件记录包括测站点号、定向点号、仪器高、观测点号、编码、觇标高、斜距、垂直角、水平角、连接点、连接类型等。碎部点坐标文件包括测站点信息、定向点信息、观测点号、坐标、编码、觇标高等信息。

RTK 碎部点测量直接生成坐标文件。

④ 地形要素分类与编码

数据采集时采用的地形要素分类与编码按 GB /13923—2006 的规定执行。

⑤ 数据采集要求

能按比例表示的点状要素（独立地物）按实际形状采集特征点，不能按比例表示的精确测定其定位点或定线点。有方向的点状要素（独立地物）先采集定位点，再采集定向点（线）的数据。

线状地物采集时，应视其变化测定拐弯点，曲线地物适当增加采集密度，保证曲线的准确拟合。具有多种属性的线状要素（如面状地物公共边等）只采集一次，但要处理好多种属性之间的关系。

碎部点采集与图根控制测量同时进行时，碎部点坐标应以平差后的控制点坐标重新计算。

⑥ 要素内容的取舍要求

各类建（构）筑物及主要附属设施均应测量采集数据，房屋以墙为主。居民区可依据成图比例尺大小或需要适当综合，建（构）筑物轮廓凹凸在图上小于 0.5 mm 时，可以综合处理。

管线的转角点应实测,直线部分的支架和附属设施密集时,可以适当综合处理。

水系及附属物按实际现状测量采集数据。水渠要测记渠底高程,并注记渠深;堤、坝应测记顶部和坡脚高程;泉、井要测记泉的出水口和井台高程,同时测记井台至水面的深度。

地貌一般用等高线表示,山顶、鞍部、凹地、山脊、谷底及倾斜变换处要测注高程。独立石、梯田坎等要测注比高,斜坡、陡坎较密时,可以适当取舍。

耕地以夏季主要作物为准,地类界与线状地物重合时,按线状地物测量采集。

居民地、机关、学校及河流等有名称的都要标注名称。

⑦ 碎部点密度、测距长度要求

数据采集时,碎部点的平均间距为 50 米,最大测距长度应控制在 350 米内。地性线、断裂线变化大处应增加采集点密度。在保证碎部点精度的前提下,测距长度可适当增加。

⑧ 测量数据观测与草图绘制要求

数据采集时,水平角、垂直角读记至度盘最小分划,觇标高量至厘米,测距读数记至毫米,归零检查和垂直角指标差不大于 $1'$。

采用数字测记模式时,一般均应草图绘制。草图要标注测点号,应与数据文件中的测点号完全一致。草图上,各要素间的位置关系应正确、清晰,各种地物地貌名称、属性等信息应正确、齐全。

草图、观测数据和属性数据要对照实地进行检查,当对照检查有问题时,草图错误可按照实地情况修改草图,数据记录错误中,测点号、地形和属性编码有误时,可以修改,但水平角、垂直角、距离、觇标高、仪器高等数据不允许更改,要求现场返工重测。数据修改后,应核对检查,及时存盘,做好备份。

(2) 内业成图

① 内业测图方法

利用外业数据采集成果(解析坐标、属性及连接关系),用专业成图软件解析法数字成图。

② 成图软件

内业用 CASS9.0 地形地籍成图软件成图。

③ 数据分层

数字地图主要分层与层名按表 A-11 规定执行,辅助图层适当设置。

表 A-11　数字地图分层与层名表

层名	项目			
	层名代码	颜色	类型	要素内容
控制点	Cor	红色	点	测量控制点
居民地	Res	品红	点、线	居民地
工矿建筑物	Bui	11	点、线	工矿建构筑物及附属设施
交通	Roa	青色	点、线	交通运输及附属设施
管线	Pip	黄色	点、线	管线及附属设施
水系	Hyd	蓝色	点、线	水系及附属设施

层名	项目			
	层名代码	颜色	类型	要素内容
境界	Bou	黄色	点、线	境界
地貌与土质	Ter	绿色	点、线	地貌、土质
植被	Veg	绿色	点、线	植被
高程	Ele	黄色	点、线	等高线、高程点
注记	Ano	红色	注记	注记
图廓	Net	黑色	线、注记	图廓及整饰要素

④ 等高线处理

等高线及数字高程模型应以测区(分区)为单位处理或建立。数字地面模型应考虑地性线、断裂线及地貌变化,以保证地貌的真实性;等高线必须采用严密数学模型计算生成,并对照实地进行检查,发现问题,及时纠正。

⑤ 数据文件组织与格式

数据文件以图幅为单位存储于管理,文件的组织与命名以参照《基础地理信息数字产品数据文件命名规则》(CH/T 1005—2000)执行。

图幅元数据的内容按照《1∶500、1∶1 000、1∶2 000 外业数字测图技术规程》(GB/T 19412—2005)的规定执行。

⑥ 数字地图编辑

街道与道路的衔接处,应保持 0.2 mm 的间隔,建筑物旁陡坎不能准确绘制时,可以移位表示,并与建筑物保持 0.2 mm 的间隔;建筑物与水涯线重合时,建筑物完整绘出,水涯线断开。

点状地物与建筑物、道路、水系等地物重合时,断开地物,保持点状地物准确、完整绘出,并与建筑物保持 0.2 mm 的间隔。点状地物较密集时,不能同时绘出时,可将突出的(主要的)准确表示,其他移位表示,并保持相应位置关系。

铁路与公路(其他道路)平面相交时,断开公路(其他道路)符号,铁路符号完整绘出;双线道路与房屋、围墙等、高出路面的建筑物边线重合时,用建筑物边线代替道路边线,在接头处与建筑物保持 0.2 mm 的间隔。公路路堤(堑)应分别绘出路边线和路堤(堑)的边线,若重合时,将其中之一移位 0.2 mm 绘出。

建筑区内电缆线、通信线可以不连接,但应绘出连线方向。同一杆(架)上有多种线路时,表示其中主要的线路,其他线路走向应贯通,线类要分明清楚。

河流在桥梁、水坝(闸)等处应断开。水涯线与陡坎线重合时,可用陡坎边线代替水涯线;水涯线与斜坡脚重合时,应在坡脚将水涯线绘出。

本测区内只表示乡(镇)一级境界。境界以线状地物一侧为界时,应离线状地物 0.2 mm 按图式(境界类别、等级)绘出;若以线状地物中心为界,且不能在线状地物符号中心处绘出时,沿两侧每隔 3～5 cm 交错绘出 3～4 节符号。在境界相交、明显拐弯及图廓处,境界符号不应省略,以明确走向与位置。

等高线遇房屋、双线道路、路堤、双线河流、湖泊等地物时应中断,等高线遇点状符号和注记时,也应中断。

同一地类界内的植被符号可以均匀配置,大面积分布的植被,可采用注记说明。地类界与地面上有实物的线状符号重合时,可省略不绘;与地面无实物的线状符号重合时,地类界位移 0.2 mm 绘出。

注记要素编辑要点:文字注记要使所表达的对像能明确判读,字头朝北,道路、河流名称可随线状地物弯曲方向排列,每个字符的底边平行于南、北图廓线。注记文字间隔最小为 0.5 mm,最大间隔不超过字大的 8 倍。注记时避免遮盖主要地物和地形特征部分。高程注记一般注记在高程点的右方,离点 0.5 mm 间隔。等高线注记应指向山顶或高地,但字头不宜指向图纸的下方。

图廓整饰注记按 GB/T 7929—2007 有关规定执行,用软件自动生成。

5.3　人员组织与仪器设备投入

为了保证本项目顺利完成,本院测绘分院成立该项目管理部,参与人员 30 人,下设五个测量作业组。预期投入××××型号静态 GPS 接收机 5 台,××××型号动态 GPS 接收机 6 台,2″、5″级全站仪 8 台,S_3 型水准仪 4 套,微机 10 台,作业车两辆。

5.4　质量控制与检查的主要要求

(1) 质量检查与验收

本项目执行二级检查一级验收制度。即实行过程检查、最终检查和验收制度。

在作业分队(组)自查互校的基础上,分院进行 100% 室内、外检查,院总工办负责验收工作,抽查比例不低于 10%。

项目验收由项目委托单位组织实施,或由该单位委托有检验资格的检验机构验收。

(2) 检查验收应提供资料

检查验收应提供资料:技术设计书、技术总结、数据文件(含元数据文件等)、检查图、作业技术规定或技术设计书规定等其他材料。

(3) 检查内容与方法

检查内容主要包括数学精度、数据及结构正确性、地理精度、整饰质量、附件质量等。

数字地图平面检测点应均匀分布,每幅图选取 20 个。检测点的平面坐标和高程采用外业散点法按测站点精度施测,相邻地物点间距检查,每幅图不少于 20 处,检测数据处理按 GB/T 18316—2008 中相应规定处理。

5.5　上交成果资料

本项目应提供的成果资料包括:

① 技术设计书(三份)

② 控制点平差计算成果表(两份)

③ 水准路线图(1 份)

④ 埋石点点之记(2 份)

⑤ 测图控制点展点图(1 份)

⑥ 观测手簿、计算资料(电子文档 1 份)

⑦ 地形图数据文件、元数据文件及其他数据文件(2 份)

⑧ 数字地形图(电子版,光盘 2 份)

⑨ 产品检查及验收报告(3 份)

⑩ 技术总结报告(3 份)

5.6　有关附录(图)

附图 1　一二级控制点选点设计图

附图 2　四等水准测量路线设计图

附图 3　测图图幅接图表

编写单位:××××工程勘测院

编写日期:二〇一四年四月

　　本样例是按照《测绘技术设计规定》(CH/T1004—2005)相应规定与要求编写的一个基本框架,对于具体项目,应根据甲方单位要求,结合实际情况,参照相关行业法律法规进行项目和专业技术设计书编写。

附录 B　数字测图实验指导

B1　交互绘图模块开发

B1.1　实验目的与要求

了解计算机绘图的基本原理,绘图环境设置的内容与方法,掌握基本图形的绘制方法。

要求能进行基本图形元素、独立符号、线状符号的绘制,能进行颜色与线型配置,能进行文字注记等。整个实验要求个人独立完成,写出设计要点,绘制流程框图。

B1.2　实验内容

(1) 能进行简单的绘图环境设置

能进行绘图坐标系设置,能进行绘图背景、图形的颜色设置,能设置图形的线型。

(2) 独立符号绘制

完成 2~3 个独立符号的绘制,如路灯、消防栓等符号。

(3) 线状符号绘制

完成线状符号的绘制(如陡坎、城墙、地类界等)

(4) 进行文字注记

(5) 面状符号绘制(选做)

(6) 实现线段的矢量裁剪(选做)

(7) 等高线绘制与高程注记(选做)

B1.3　实验仪器与工具

(1) 台式计算机、笔记本电脑

(2) 软件平台　Microsoft Visual Studio 或 VB6.0

B1.4　实验方法与步骤

(1) 安装 Microsoft Visual Studio 或 VB6.0 开放系统,熟悉使用方法和相关语言的语法规则;

(2) 确定模块的结构与基本功能,绘制设计流程框图;

(3) 绘图模块主界面生成,或使用应用程序向导创建模块框架;

(4) 编写各功能块程序代码,调试、修改;

(5) 编译生成可执行文件(＊ ＊ ＊ .EXE)。

B1.5　实验成果提交

（1）实验报告：写出设计要点，绘制流程框图、模块使用说明。
（2）提交绘图软件程序。

B2　全站仪数据采集及格式转换

B2.1　实验目的与要求

　　了解数据采集的基本要求，了解全站仪数据采集的内容与方法，掌握全站仪碎部点测定方法，熟悉碎部点测量、文件传输的作业步骤。

　　能用全站仪极坐标法进行碎部点测量，能进行偏心测量，能进行全站仪与计算机的数据通讯，文件的下载。能对碎部点数据进行格式转换处理。

B2.2　实验内容

　　（1）熟悉全站仪的使用
　　能进行全站仪测站设置（设置测站的 X、Y、H 及仪器高），能进行测站定向（设置定向点 X、Y、H），熟悉测距、测角、坐标测量模式间的转换。
　　（2）掌握碎部点文件建立方法
　　掌握数据采集菜单的使用方法，掌握数据文件命名、数据显示、修改的基本方法。
　　（3）掌握碎部点测量方法
　　每人完成碎部点极坐标法、偏心法测量方法练习。
　　（4）熟悉全站仪数据下载
　　熟悉全站仪与计算机通讯的参数设置，完成小组数据文件的下载。
　　（5）完成数据格式转换处理
　　将全站仪数据文件转换为绘图软件所需的格式，如 CASS 软件要求的坐标文件格式。

B2.3　实验仪器与工具

　　（1）全站仪一套（含棱镜）。
　　（2）台式计算机、笔记本电脑及图形软件。

B2.4　实验方法与步骤

　　（1）安装全站仪（全站仪对中偏差不大于 5 mm），熟悉使用方法，确定小组数据采集方案。
　　（2）测站设置，定向，检测。
　　以较远测站点（或控制点）定向，另一测站点作为检核，检核点平面位置误差不应大于图上 $0.2 \times M \times 10^{-3}$（m）。检查另一测站高程，且其较差不应大于 1/6 倍基本等高距。
　　（3）极坐标法（或偏心法）采集碎部点，同时记录点号、绘制测量草图。
　　（4）数据传输。

（5）数据格式转换。

B2.5　实验成果提交

（1）碎部点测量草图。
（2）碎部点数据文件。

B3　LISP 语言测量绘图编程

B3.1　实验目的与要求

熟悉 AutoCAD LISP 语言的常用函数与使用方法，能用 AutoCAD LISP 语言编程实现最基本的绘图环境设置与绘图功能；能用 VLISP 环境进行程序录入、编辑与调试。

B3.2　实验内容

（1）用 LISP 语言编程完成基本绘图环境设置。
（2）用 LISP 语言编程完成独立符号绘制（5 个），控制点要有点名和高程注记。
（3）用 LISP 语言编程绘制线状符号
① 陡坎、城墙、围墙；
② 电力（高压、低压）、通信线、管线等；
③ 境界线、地类界、水系、道路等。
（4）用 LISP 语言编程绘制面积符号
① 倾斜 45 晕线；
② 稻田、旱地等；
③ 草地、菜地。
（5）熟悉文件处理函数，能针对不同数据格式进行数据读入与展点，要求能按点号和高程两种形式展点。

B3.3　实验仪器与工具

（1）台式计算机、笔记本电脑。
（2）软件平台　AutoCAD 或 AutoCAD map 3D。

B3.4　实验方法与步骤

编程在 Visual LISP 编程环境下完成，调试通过后，在 AutoCAD 中运行应用。
具体实验步骤如下：
（1）安装 AutoCAD 或 AutoCAD map 3D（最新版本）；
（2）启动 AutoCAD 或 AutoCAD map 3D，进入 Visual LISP 编程环境；
（3）确定新命令名称，建立新文件；
（4）在编辑窗口编写程序代码、调试；
（5）生成应用程序；

(6) 在 AutoCAD 或 AutoCAD map 3D 环境中使用应用程序。

B3.5 实验成果提交

个人提交编程文件、LISP 源程序和编译程序。

B4 CASS 测图软件使用

B4.1 实验目的与要求

熟悉 CASS 测图软件基本功能与使用方法,能用该软件进行数字测图和原图数字化;能完成纵横断面图绘制,土方计算等工程应用。

B4.2 实验内容

(1) 熟悉 CASS 测图软件基本功能与使用方法。

(2) 测图环境的基本设置。

(3) 用 CASS 测图软件完成碎部点数据导入、展点。

(4) CASS 测图软件常用工具条使用。

(5) CASS 测图软件右侧屏幕菜单使用。

(6) 完成 1∶500 或 1∶1 000 标准图幅的扫描图像数字化。

(7) 工程应用菜单的使用。

B4.3 实验仪器与工具

(1) 台式计算机、笔记本电脑。

(2) 软件平台 AutoCAD 或 AutoCAD map 3D、CASS9.0。

B4.4 实验方法与步骤

在 Cass9.0 环境下完成扫描图像的数字化。

具体实验步骤如下:

(1) 安装 AutoCAD(与 Cass 配套版本)。

(2) 启动 Cass 软件,进入 Cass 测图编辑环境。

(3) 根据扫描图像名称,建立新文件。

(4) 插入图像

在工具菜单中,点击"光栅图像"子菜单,进入"图像管理器"对话框,根据提示和光栅图像文件的位置,插入扫描图像。

(5) 图像纠正

根据图幅注记坐标,对图像进行纠正,操作方法参见 6.2.3 章节。

(6) 图形矢量化与编辑

① 控制点、高程点、独立符号、地物数字化;

② 线状地物数字化;

③ 等高线数字化、面积符号数字化;

（7）图面检查、图廓整饰、图形文件保存。

（8）工程应用菜单使用

根据等高线生成纵、横断面图,完成土方计算等工程应用。

B4.5 实验成果提交

个人提交扫描图像、线划图(DWG 格式)。

B5 CASS 野外操作简码表

一、线面状地物符号代码表

坎类(曲):K(U)＋数(0—陡坎,1—加固陡坎,2—斜坡,3—加固斜坡,4—垄,5—陡崖, 6—干沟)

线类(曲):X(Q)＋数(0—实线,1—内部道路,2—小路,3—大车路,4—建筑公路,5— 地类界,6—乡、镇界,7—县、县级市界,8—地区、地级市界,9—省界线)

垣栅类:W＋数(0,1—宽为 0.5 米的围墙,2—栅栏,3—铁丝网,4—篱笆,5—活树篱 笆,6—不依比例围墙,不拟合,7—不依比例围墙,拟合)

铁路类:T＋数(0—标准铁路(大比例尺),1—标(小),2—窄轨铁路(大),3—窄(小), 4—轻轨,铁路(大),5—轻(小),6—缆车道(大),7—缆车道(小),8—架空索道, 9—过河电缆)

电力线类:D＋数(0—电线塔,1—高压线,2—低压线,3—通讯线)

房屋类:F＋数(0—坚固房,1—普通房,2—般房屋,3—建筑中房,4—破坏房,5—棚房, 6—简单房)

管线类:G＋数 (0—架空(大),1—架空(小),2—地面上的,3—地下的,4—有管堤的)

植被土质:拟合式 B＋数(0—旱地,1—水稻,2—菜地,3—天然草地,4—有林地,5—行 树,6—狭长灌木林,7—盐碱地,8—沙地,9—花围)

边界线:不拟合:H＋数(0—旱地,1—水稻,2—菜地,3—天然草地,4—有林地,5—行 树,6—狭长灌木林,7—盐碱地,8—沙地,9—花围)

圆形物:Y＋数(0 半径,1—直径两端点,2—圆周三点)

平行体:P＋(X(0—9),Q(0—9),K(0—6),U(0—6)…)

控制点:C＋数(0—图根点,1—埋石图根点,2—导线点,3—小三角点,4—三角点,5— 土堆上的三角点,6—土堆上的小三角点,7—天文点,8—水准点,9—界址点)

二、点状地物符号代码表

水系设施　A00 水文站　A01 停泊场　A02 航行灯塔　A03 航行灯桩　A04 航行灯 船　A05 左航行浮标　A06 右航行浮标 A07 系船浮筒　A08 急流 A09 过江管线标

A10 信号标　A11 露出的沉船　A12　淹没的沉船　A13 泉　A14 水井

土　质　A15　石堆

居民地　A16 学校　A17 肥气池　A18 卫生所　A19 地上窑洞　A20 电视发射塔　A21 地下窑洞　A22 窑　A23 蒙古包

管线设施　A24 上水检修井　A25 雨水检修井　A26 圆形污水篦子　A27 下水暗井　A28 煤气天然气检修井　A29 热力检修井　A30 电信入孔　A31 电信手孔　A32 电力检修井　A33 工业、石油检修井　A34 液展体气体储存设备　A35 不明用途检修井　A36 消火栓　A37 阀门　A38 水龙头　A39 长形污水篦子

电力设施　A40 变电室　A41 无线电杆、塔　A42 电杆

军事设施　A43 旧碉堡　A44 雷达站

道路设施　A45 里程碑　A46 坡度表　A47 路标　A48 汽车站　A49 劈板信号机

独立树　A50 阔叶独立树　A51 针叶独立树　A52 果树独立树　A53 椰子独立树

工矿设施　A54 烟囱　A55 露天设备　A56 地磅　A57 起重机　A58 探井　A59 钻孔　A60 石油、天然气井　A61 盐井　A62 废弃的小矿井　A63 废弃的平峒洞口　A64 废弃的竖井井口　A65 开采的小矿井　A66 开采的平峒洞口　A67 开采的竖井井口

公共设施　A68 加油站　A69 气象站　A70 路灯　A71 照射灯　A72 喷水池　A73 垃圾台　A74 旗杆　A75 亭　A76 岗亭、岗楼　A77 钟楼、鼓楼、城楼　A78 水塔　A79 水塔烟囱　A80 环保监测点　A81 粮仓　A82 风车　A83 水磨房、水车　A84 避雷针　A85 抽水机站　A86 地下建筑物天窗

宗教设施　A87 纪念像碑　A88 碑、柱、墩　A89 塑像　A90 庙宇　A91 土地庙　A92 教堂　A93 清真寺　A94 敖包、经堆　A95 宝塔、经塔　A96 假石山　A97 塔形建筑物　A98 独立坟　A99 坟地

三、描述连接关系的符号的含义

符　号	含　义
＋	本点与上一点相连,连线依测点顺序进行
—	本点与下一点相连,连线依测点顺序相反方向进行
n$^+$	本点与上 n 点相连,连线依测点顺序进行
n$^-$	本点与下 n 点相连,连线依测点顺序相反方向进行
p	本点与上一点所在地物平行
np	本点与上 n 点所在地物平行
＋A$	断点标识符,本点与上点连
—A$	断点标识符,本点与下点连

四、简码坐标文件示例

1,X2,40050.000,30185.000,10.25

2,＋,40161.367,30184.898,11.05

3,＋,40171.509,30193.585,10.47

4，X2，40186.722，30300.004，13.56
5，+，40186.722，30193.585，14.11
6，+，40196.139，30184.898，10.69
7，+，40258.595，30184.898，12.70
8，W0，40270.296，30168.152，18.00
9，+，40270.296，30125.669，17.20
10，+，40242.08，30125.669，19.00
……

各点数据格式为：
点号，属性编码，Y 坐标，X 坐标，高程

参 考 文 献

[1] 祝国瑞. 地图学[M]. 武汉:武汉大学出版社,2003.

[2] 潘正风,程效军,成枢,等. 数字测图原理与方法[M]. 武汉:武汉大学出版社,2012.

[3] 李学志. Visual LISP 程序设计[M]. 北京:清华大学出版社,2010.

[4] 汤青慧,于水,唐旭,等. 数字测图与制图基础教程[M]. 北京:清华大学出版社,2013.

[5] 柳朝阳,周小平,许社教. 计算机图形学——图形的计算与显示原理[M]. 西安:西安电子科技大学出版社,2005.

[6] 杨晓明,沙从术,郑崇启,等. 数字测图[M]. 北京:测绘出版社,2005.

[7] 唐泽圣,周嘉玉,李新友. 计算机图形学基础[M]. 北京:清华大学出版社,1996.

[8] 杨德麟. 大比例尺数字测图的原理、方法与应用[M]. 北京:清华大学出版社,1998.

[9] 陈元琰,张睿哲,李建华. 计算机图形学实用技术[M]. 北京:科学出版社,2000.

[10] 苏金明,周建斌. 用 VB. NET 和 VC♯. NET 开发交互式 CAD 系统[M]. 北京:电子工业出版社,2004.

[11] 梁爽. Visual VC++. NET 程序设计[M]. 北京:清华大学出版社,2015.

[12] 武安状. 基于 VS2010 平台 C♯语言测量软件开发技术[M]. 郑州:黄河水利出版社,2015.

[13] 中华人民共和国国家质量监督检验检疫总局,中国国家标准化管理委员会. 1:500 1:1 000 1:2 000 外业数字测图技术规程[M]. 北京:中国标准出版社,2005.

[14] 中华人民共和国国家质量监督检验检疫总局,中国国家标准化管理委员会. 国家基本比例尺地图图式第一部分. 1:500 1:1 000 1:2 000 地形图图式[M]. 北京:中国标准出版社,2007.

[15] 中华人民共和国国家质量监督检验检疫总局,中国国家标准化管理委员会. 基础地理信息要素分类与代码[M]. 北京:中国标准出版社,2006.

[16] 中华人民共和国住房和城乡建设部. 城市测量规范[M]. 北京:中国建筑工业出版社,2011.

[17] CASS 地形地籍成图软件说明书[M]. 广州:南方数码科技有限公司,2014.

[18] Hi—Survey 软件使用说明书[M]. 广州:中海达卫星导航技术股份有限公司,2015.